航天科技图书出版基金资助出版

地外天体着陆起飞
试验技术

黄　伟　唐明章　张　章　隋　毅　张兴宇　黎光宇　著

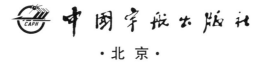

中国宇航出版社

·北京·

图书在版编目（CIP）数据

地外天体着陆起飞试验技术 / 黄伟等著. -- 北京 ：
中国宇航出版社，2024. 12. -- ISBN 978-7-5159-2480
-9

Ⅰ. V448.233

中国国家版本馆 CIP 数据核字第 2024SZ3718 号

责任编辑 王杰琼　　　　**封面设计** 王晓武

出　版
发　行　**中国宇航出版社**

社　址　北京市阜成路 8 号　**邮　编**　100830
　　　　　(010)68768548

网　址　www.caphbook.com

经　销　新华书店

发行部　(010)68767386　　(010)68371900
　　　　(010)68767382　　(010)88100613（传真）

零售店　读者服务部　　　(010)68371105

承　印　北京中科印刷有限公司

版　次　2024 年 12 月第 1 版
　　　　2024 年 12 月第 1 次印刷

规　格　787×1092

开　本　1/16

印　张　13.5

字　数　329 千字

书　号　ISBN 978 - 7 - 5159 - 2480 - 9

定　价　89.00 元

本书如有印装质量问题，可与发行部联系调换

航天科技图书出版基金简介

航天科技图书出版基金是由中国航天科技集团公司于 2007 年设立的，旨在鼓励航天科技人员著书立说，不断积累和传承航天科技知识，为航天事业提供知识储备和技术支持，繁荣航天科技图书出版工作，促进航天事业又好又快地发展。基金资助项目由航天科技图书出版基金评审委员会审定，由中国宇航出版社出版。

申请出版基金资助的项目包括航天基础理论著作，航天工程技术著作，航天科技工具书，航天型号管理经验与管理思想集萃，世界航天各学科前沿技术发展译著以及有代表性的科研生产、经营管理译著，向社会公众普及航天知识、宣传航天文化的优秀读物等。出版基金每年评审 2 次，资助 30～40 项。

欢迎广大作者积极申请航天科技图书出版基金。可以登录中国航天科技国际交流中心网站，点击"通知公告"专栏查询详情并下载基金申请表；也可以通过电话、信函索取申报指南和基金申请表。

网址：http：//www.ccastic.spacechina.com

电话：(010) 68767205，68767805

目　录

第1章 概 述

1.1 前言

人类要发展，必然要不断探索并开拓地外空间。对地外天体的探测影响深远，将成为人类进行空间资源开发与利用、开展空间科学研究与技术创新的重要途径。对地外天体进行探测的主要方式包括：飞越探测（探测器从天体近旁飞过，对天体进行近距离观察）、环绕探测（探测器环绕天体飞行，进行长期的、周期性的观察）、原位探测（探测器在天体表面着陆及着陆后巡视，进行原位探测）、取样返回探测（探测器在天体表面着陆后进行采样，从地外天体起飞，携带样品返回地球，开展详细研究）。其中，要实现探测器对地外天体的原位探测及取样返回探测，在地外天体表面的安全着陆及可靠起飞是至关重要的环节，也是未来拓展载人探测，建立人类月球基地、火星基地等长远发展的基础[1-3]。

相对于飞越探测、环绕探测而言，原位探测和取样返回探测在技术上有着巨大的跨越，技术风险显著增加。探测器在地外天体的软着陆及起飞上升需要解决复杂天体环境下的自主导航与控制、减速下降、着陆缓冲、起飞上升等一系列技术难题。为了确保探测器在地外天体表面着陆、起飞上升等环节的安全可靠，降低技术及工程风险，必须开展充分的试验验证。

地外天体着陆与起飞综合模拟试验的核心在于模拟地外天体的特定环境，以满足探测器着陆与起飞相关工作阶段的专项试验验证需求。一般而言，目前人类实现探测器着陆与起飞的不同地外天体目标大致可分为 3 类典型环境：月球类（低重力、无大气）、火星类（低重力、有大气）、小天体类（微重力、无大气）[4]。

对于最终着陆段，为了验证探测器悬停、避障、缓速下降的工作过程，主要需模拟地外天体表面的低重力或微重力环境、地形地貌环境及对探测器所用微波、可见光等特定谱段电磁波的反散射特性。为了验证探测器着陆缓冲及着陆稳定性能，主要需模拟地外天体表面的低重力或微重力环境及表面土壤等介质的力学特性。对于起飞上升段，为了验证探测器的垂直起飞与姿态控制的工作过程，主要需模拟地外天体表面的低重力或微重力环境及探测器的初始稳定姿态等条件。此外，对于火星等有大气的天体的进入、下降与着陆过程，由于大气条件与地球差距巨大，气动减速是需要重点验证的环节，需关注对降落伞等气动减速装置在特定的动压、大气密度、飞行马赫数等条件下的性能验证。

可见，地外天体着陆与起飞综合模拟试验技术主要包括月球、火星、小天体等地外天体的低重力或微重力条件模拟试验技术，地外天体表面物理力学特性、电磁波反散射特性的模拟试验技术，以及模拟火星稀薄大气条件的高空开伞试验技术等内容；此外，还涉及试验指挥与测量、试验保障等相关技术。

1.2　探测器在地外天体着陆与起飞过程

人类目前已经实现了在月球、金星、火星、小行星、彗星等天体的着陆，以及对月球及小行星的取样返回。从当前人类文明程度的发展来看，今后数十年，在原位探测、取样返回探测及载人登陆方面，目标天体仍将主要集中在月球、火星和小天体等。其中，月球是无大气、约 1/6 地球重力条件，火星是有稀薄大气、约 3/8 倍地球重力条件，而小行星等小天体是无大气、微重力条件。基于不同的大气、重力条件，探测器的着陆与起飞方案存在较大的区别。例如，着陆月球时，探测器利用发动机实现动力减速后缓冲着陆；着陆火星时，则可以充分利用气动减速后再动力减速后缓冲着陆；着陆小天体时，可利用微重力的特点，通过轨道设计实现探测器低速着陆于小天体表面，着陆过程中利用推力器进行必要的调姿和减速。但是，在不同地外天体表面着陆及起飞也存在相似之处，一般都包括悬停、避障和缓速下降的过程，起飞时则普遍利用发动机的作用快速上升。

1.2.1　月球探测器着陆及起飞过程

对于月球着陆探测，以我国"嫦娥三号"为例，探测器在实现软着陆飞行前，首先由 100 km 的环月轨道变轨至近月点 15 km 的椭圆轨道，并在距月面 15 km 高度转入动力下降段飞行，最终实现月面的软着陆。动力下降段主要经历图 1-1 所示的多个阶段[5-7]。

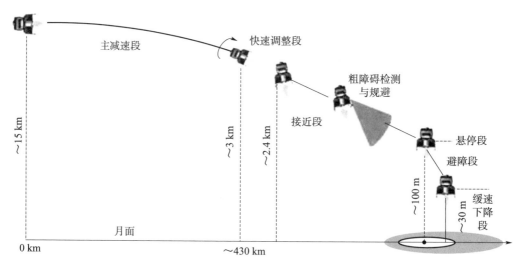

图 1-1　"嫦娥三号"软着陆过程（未按实际比例）

主减速段：从距月面 15～3 km 段，使用发动机减速，将探测器与月球的相对速度从约 1.7 km/s 降至预设值。

快速调整段：从距月面 3 km 高度下降约 600 m，用于衔接主减速段和后续的接近段，将探测器从接近水平的姿态通过快速姿态机动调整为接近段的入口姿态，发动机推力逐步降到低推力水平。

接近段：从距月面 2.4 km～100 m 段，将探测器的姿态调整为垂直于月面，同时以较小的速度下降，观测预定着陆区并进行粗避障。

悬停段：在高度 100 m 左右，发动机推力抵消月球重力，使探测器悬停，对月面进行高精度三维成像，精确检测着陆区域的障碍，确定安全着陆点。

避障段：利用地形识别敏感器判断着陆点是否满足安全着陆要求，如不满足要求，则探测器执行精确避障和下降。根据确定的安全着陆点，探测器从约 100 m 高度下降到着陆点上方 30 m，相对月面下降速度为 1.5 m/s，水平速度接近 0。

缓速下降段：从约 30 m 高度以较小的设定速度匀速垂直下降，进一步消除水平速度和加速度，保持探测器水平姿态，直到收到关机信号，关闭主发动机。"嫦娥三号"利用伽马关机敏感器在距月面约 3 m 高度发出关机信号，以防止激起月尘并防止污染月壤。

之后，从近月面发动机关机到探测器降落到月面，探测器在月球重力作用下自由落体式着陆在月球表面。探测器上的着陆缓冲装置吸收着陆冲击能量，并保证探测器着陆后姿态稳定。

对于探测器在月面起飞上升，以我国探月三期工程"嫦娥五号"为例，着陆器和上升器构成的组合体以类似"嫦娥三号"的方式在月面着陆。完成月球样品的采集和封装后，上升器完成起飞准备，随后从着陆器上起飞，起飞上升段主要经历 4 个阶段，如图 1-2 所示。

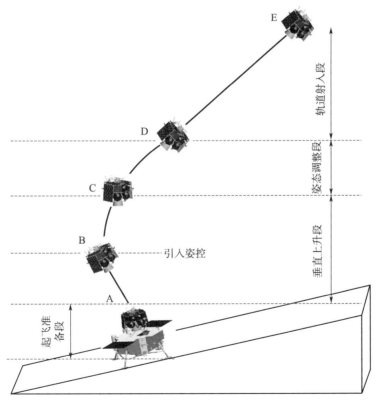

图 1-2　"嫦娥五号"起飞上升过程

起飞准备段：主要完成探测器的定位和射向对准，获得月面坐标系中的位置和姿态，并设置起飞的控制参数。

垂直上升段：上升器的主发动机点火，开始月面起飞。上升一定时间后，调整上升器的运动姿态，使上升器的纵轴垂直月面。

姿态调整段：上升器调整俯仰角，使上升器姿态从垂直状态转变为轨道射入段制导律所需的初始姿态。

轨道射入段：上升器加速飞行，进入预定入轨点，上升器纵轴与月面夹角逐渐趋于0°，并最终进入环月轨道。

1.2.2　火星探测器进入下降、着陆与起飞过程

对于火星着陆探测，以我国首次火星探测任务为例。我国首次火星探测任务需在一次任务中实现火星环绕探测与火星着陆巡视探测。火星探测器经过约9个月的地火转移飞行后到达火星附近。探测器被火星捕获后开始环绕火星飞行。在适当时机，探测器进入部分（着陆巡视器）释放并进入火星大气。着陆巡视器经过气动减速段、伞系减速段、动力下降段及着陆缓冲段4个主要阶段后，安全着陆于火星表面。随后，携带的巡视器从探测器上分离，开展进一步的巡视探测。我国首次火星探测任务着陆过程如图1-3所示[8-10]。

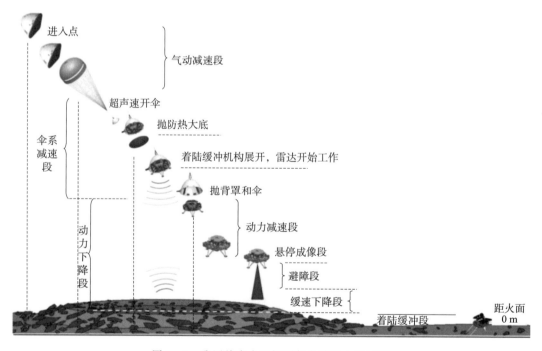

图1-3　我国首次火星探测任务着陆火星过程

气动减速段：探测器依靠自身的气动阻力进行减速，将相对火星速度从4~7 km/s减小到马赫数2左右。气动减速段是整个进入下降过程中气动环境最恶劣的阶段，消耗了探测器绝大部分的初始动能，为后续开伞创造了条件。

伞系减速段：探测器打开降落伞，实施进一步减速。由于火星大气环境与地球的大气环境存在显著差异，火星降落伞的开伞条件为超声速、低动压、低密度环境。因此，火星探测任务的特殊性对降落伞减速系统的研制与验证带来了巨大的挑战。

动力下降段：探测器采用反推发动机进行动力减速。在动力下降减速的末期，火星探测器与月球探测器类似，也主要经过悬停成像段、避障段、缓速下降段等过程，使探测器找到安全的降落地点，以安全的速度着陆于火星表面。但由于火星表面地形复杂，遍布岩石、沟壑、斜坡等障碍，因此对探测器的自主避障下降能力要求非常高。

着陆缓冲段：探测器接触火星表面时仍保持一定的动能，利用着陆缓冲装置将其消除，确保探测器着陆安全，并在着陆后保持稳定的姿态，为巡视器工作创造可靠的条件。除了采用图 1-3 所示的软着陆支架实现着陆缓冲外，美国的"探路者号""勇气号""机遇号"等火星探测器采用了全向密闭式缓冲气囊实现火星着陆，而"好奇号""毅力号"等火星探测器则采用了空中吊车的方式实现火星着陆。

开展火星取样返回探测，相比月球，在火星表面的起飞上升更具挑战性，且风险更大。由于火星的重力加速度更大，在上升过程中重力损耗更大，速度增量需求更高，因此对发动机要求更高。火星表面存在稀薄大气，上升器在上升过程中必须考虑气动阻力影响，因此上升器还要保证合理的气动外形。火星取样上升器可考虑设计为两级推进系统，其中第一级推进系统将上升器送入环绕火星的停泊轨道，第二级推进系统进一步将携带样品的返回舱送至火地转移轨道。推进系统可采用液体发动机或固体发动机，需根据任务规划综合评估并选型。目前，人类尚未实现对火星的取样返回，相关的研究工作仍处于起步阶段。

1.2.3　小天体探测器着陆及起飞过程

对于小天体的着陆及取样探测，由于小天体为微重力环境，如果探测器需要长时间驻留，除了要进行安全着陆外，还需确保探测器能在小天体表面可靠附着，例如，欧洲空间局的"罗塞塔号"任务采用了着陆支架及锚定装置等方式实现着陆与附着。微重力条件对于起飞而言较为有利，因此探测器也可对小天体进行短期接触并采样后随即飞离小天体，如日本的"隼鸟号""隼鸟Ⅱ号"任务即采用了此类"接触即离"的方式[11]。

"罗塞塔号"任务携带的"菲莱号"着陆器成功对 67P/丘尤穆夫-杰拉西门克彗星（67P/Churyumov-Gerasimenko）进行着陆探测，成为世界首个在彗星着陆的探测器。"菲莱号"着陆器以一定的分离速度离开轨道器后，通过自由落体方式缓慢降落在彗星表面；下降过程中，利用动量轮实现姿态稳定，利用推力器调节速度增量。探测器接触彗星表面时采用腿式缓冲机构进行冲击吸能，同时，着陆腿底部的冰螺栓钻入彗星的表面以下以实现固定。此外，探测器还通过推力器及锚定装置防止弹跳并确保附着，其过程如图 1-4 所示。不过，在实际执行飞行任务时，冰螺栓、推力器和锚定装置都出现了问题，导致着陆器发生了 2 次反弹，影响了任务效果[12,13]。

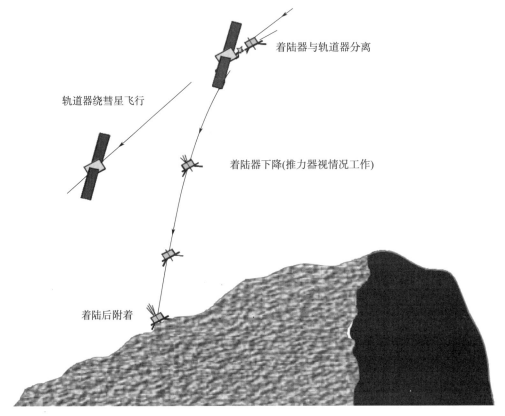

图 1-4　"菲莱号"着陆过程

　　日本的"隼鸟号"探测器对糸川小行星（Itokawa）进行了接触式取样探测，是世界上第一个完成小行星取样的返回探测器。由于用于溅起小行星尘埃的装置出现故障，导致取样效果受到一定影响。该探测器上还载有一个微型着陆器，原计划在糸川小行星上跳行，但未能成功部署。"隼鸟Ⅱ号"探测器对 1999JU3 小行星进行了取样返回探测，也是采用"接触式取样"方式，其下降着陆、取样与起飞方案与"隼鸟号"相似。为了确保采集足够的样品，"隼鸟Ⅱ号"被设置了 3 次接触小行星，每次预计取样 200 mg。

　　"隼鸟号"探测器从距小行星表面 20 km 的停泊点开始下降，下降至约 500 m 高度处，地面依据"隼鸟号"探测器传送的图像判断是否满足后续着陆条件。如果条件满足，则从 100 m 高度开始进入自动模式（地面完全不干预控制），接着在约 40 m 高度释放一个目标标志器，以引导探测器运动至着陆点附近进行悬停。探测器继续下降至 30 m 高度时，调整姿态对准当地表面，最后在距离表面 5 m 高度时探测器以自由落体方式采集小行星的尘埃。完成取样任务后，探测器通过推力器作动起飞，返回至 20 km 高度的悬停点。其着陆过程如图 1-5 所示[14,15]。

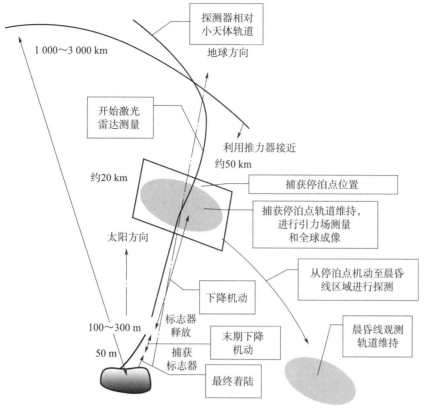

图 1 - 5　"隼鸟号"着陆过程

1.3　地外天体着陆与起飞综合模拟试验的意义

在地外天体实现软着陆及起飞上升过程中，探测器的最终着陆过程主要包括悬停避障、缓速下降、着陆缓冲、安全附着等环节，探测器的起飞上升主要包括垂直上升、姿态调整和轨道射入等环节。对于火星着陆而言，还需特别关注气动减速与下降过程，这是整个火星着陆任务中风险最大的环节。如何在地面接近真实地模拟探测器在地外天体的最终着陆及起飞上升过程，从而全面考核探测器的工作性能，对于地外天体探测工程具有重要意义。通过模拟地外天体环境的专项试验验证，对于确保探测器相关系统及单机产品的可靠性、确保探测器相关分系统之间的工作协调与匹配性、确保探测器着陆与起飞程序设计的正确性至关重要。

对于探测器在地外天体的最终着陆与起飞上升等工作环节的验证，主要的试验需求如下。

1）模拟探测器缓速下降过程中的速度、加速度等运动参数。制导导航与控制系统按照真实的控制律与推进发动机协调工作，对探测器的速度和姿态进行控制，就需要提供模拟月球、火星等地外天体的低重力环境，使探测器在垂直方向上受到的合力与其在地外天体表面工作时的状态一致。

2）在悬停及缓速下降阶段，探测器需要完成障碍识别、安全区域选择、匹配跟踪与速度估算等任务，因此需要能够模拟地外天体表面的地形和地貌特征，并针对探测器所采用的成像仪、测距仪等着陆敏感设备的工作原理模拟地外天体表面对激光、微波、可见光等的反射和散射特征及相应的光照条件。

3）探测器在距地外天体表面一定高度时需要关闭发动机，关机策略会影响着陆安全，并受到探测器运动状态、天体环境等多种因素的影响。因此需要模拟地外天体的低重力环境、表面介质特性，对探测器在特定运动状态下的关机策略进行综合验证。

4）探测器最终降落到地外天体表面时，着陆缓冲及着陆稳定性非常关键。需要开展专项的着陆稳定性和着陆缓冲试验，考核探测器着陆时的着陆姿态、着陆速度、着陆面地形、地貌和着陆面力学特性对探测器着陆缓冲性能的影响，验证在地外天体低重力条件下着陆的稳定性是否能满足要求；此外，需要模拟探测器着陆时的水平速度和垂直速度，模拟地外天体的低重力环境，以及地外天体表面介质的力学特性。

5）探测器的上升器从地外天体表面起飞会受到多种干扰因素（如着陆器与上升器组合体的姿态、两器的解锁干扰、着陆器及土壤的支撑特性、发动机推力脉动、上升器自身的各项偏差等）的影响，且起飞时发动机燃气作用至着陆器或天体表面后，其回流也会影响上升器的起飞稳定性。上升器垂直起飞一定时间后需要引入姿态控制，姿态控制启控时需满足设定的交接班条件。在地面进行起飞上升试验，主要需模拟地外天体的低重力环境、表面环境及探测器的初始状态，从而验证上升器起飞的稳定性，并确保满足转入姿控的交接班条件。

6）对于火星着陆，利用火星大气开展的气动减速非常关键，这是最终着陆段可靠工作的前提，尤其需要对降落伞的减速过程进行充分验证。火星大气稀薄，表面大气密度不足地球表面的 1%，要模拟火星大气条件，需进行高空开伞试验验证。

总体来说，对月球、火星、小行星等地外天体的探测意义显著，并在国际国内具有重要影响。对地外天体实现着陆探测、取样返回探测，探测器的安全着陆及起飞直接关系到任务的成败。由于地外天体环境与地球环境存在显著差别，着陆及起飞过程的技术难度与风险巨大。因此，除了充分的设计分析与数值仿真，以及常规的力、热、真空等环境试验验证之外，还需在地面模拟地外天体环境，以接近真实的条件对探测器着陆与起飞的主要工作过程进行全面试验，从而充分验证地外天体探测技术方案的合理性，考验探测器的性能与可靠性，为保障飞行任务的成功发挥至关重要的作用。

1.4　地外天体着陆起飞综合试验场概述

为了开展地外天体探测着陆起飞相关工作阶段的各项试验验证，需要建设地外天体着陆起飞综合试验场，试验场配套的试验设施应具备低重力模拟试验功能，具备模拟地外天体表面特性功能，具备试验全过程的指挥控制及数据测量功能；试验场还应具备充分的试验保障功能，确保试验全程受控、安全可靠，保证试验任务顺利实施[16,17]。

1.4.1 功能

地外天体着陆起飞综合试验场是根据探测器在地外天体表面最终着陆段和起飞上升段的地面物理试验验证需求进行设计的。在地外天体探测器着陆试验中，需要模拟探测器真实的悬停、避障、缓速下降、自由下落过程，以考核探测器的导航性能与姿态控制能力，并获取探测器真实的着陆姿态。在地外天体探测器起飞试验中，需要复现探测器在地外天体表面发动机点火、起飞上升的过程，验证探测器在地外天体表面起飞的系统稳定性。在上述背景下，地外天体着陆起飞综合试验场主要实现如下功能。

（1）探测器受力状态与运动特征模拟

地球表面的重力环境与月球、火星等目标地外天体表面不同。在地面开展着陆验证试验与起飞验证试验时，由于探测器发动机的最大输出推力小于探测器所受重力，因此需要试验场设计专门用于地外天体低重力环境模拟的着陆起飞试验平台设施，以解决探测器在地外天体着陆及起飞过程中受力状态的地面模拟问题。试验场的着陆起飞试验设施通过吊绳悬吊探测器以平衡探测器的部分重力，结合探测器的变推力发动机的输出推力调节，使探测器在地面着陆起飞验证试验中所受到的合力与探测器在地外天体软着陆及起飞过程相一致，从而模拟探测器在地外天体表面真实软着陆及起飞上升的运动特征。

（2）探测器运动空间提供及探测器运动自由度随动跟踪

地外天体着陆起飞试验场的设计应提供足够的探测器运动空间，以满足探测器在着陆和起飞过程中地面验证的试验空间需求。在着陆试验中，为模拟探测器的悬停、避障、缓速下降、着陆地面的运动过程，试验场的着陆起飞试验平台设施应具备对探测器平动自由度的实时随动跟踪能力，并避免对探测器自主避障、下降着陆过程的运动产生干扰。在起飞试验中，为模拟发动机点火后探测器起飞上升的运动过程，试验场的着陆起飞试验平台设施应具备对探测器带倾斜角度起飞的实时随动跟踪能力，确保不干涉探测器起飞过程中的自主运动。为模拟地外天体探测器的姿态自由度，需专门设计万向吊具系统，通过吊绳连接探测器与试验场着陆起飞试验平台，从而提供地外天体探测器俯仰、偏航、滚转的运动自由度。

（3）地外天体着陆面的地形地貌及反散射特性模拟

探测器在地外天体表面成功实施软着陆，主要依靠基于导航敏感器的自主导航控制算法。在悬停阶段，探测器的制导导航和控制系统要完成"障碍识别和安全区域选择"任务，因此试验场应具备模拟地外天体着陆面的典型地形地貌特征的能力。在探测器避障及缓速下降阶段，其高度和速度的精确测量分别由激光测距敏感器、激光测速敏感器及微波测距测速敏感器完成，试验场需能够模拟地外天体着陆面对激光、微波的反散射特征。

（4）地外天体着陆缓冲过程中着陆面力学特性及低重力环境模拟

对于探测器着陆缓冲过程的试验验证，需要实现着陆面力学特性的模拟，以真实验证探测器着陆缓冲装置与地外天体表面介质的相互作用。试验场需要配置模拟月壤试验床、模拟火壤试验床等试验设施，以实现地外天体表面土壤关键力学物理特性的模拟。针对探测器着陆缓冲过程中的稳定性试验验证，可通过斜面试验法模拟低重力环境，试验场还需要配置稳定性试验面等试验设施，并可以模拟着陆过程中探测器与着陆面间的不同摩擦系数。

（5）试验指挥控制与各系统时统

在地外天体着陆起飞验证试验中，为确保试验的顺利实施与统一指挥，试验场需采用集成指挥通信、显示与数据处理技术，以实现对探测器、低重力模拟试验平台等系统控制设备的调度与指挥。同时，需收集探测器状态数据与试验场外测数据，对试验状态进行监控、故障判断与告警，并对试验结果进行综合分析。此外，需采用高精度时统技术，以解决试验场所有设备和探测器系统设备的高精度授时问题，并统一地外天体着陆起飞综合验证试验中各系统设备的开始指令时间。

（6）试验关键数据测量

在地外天体着陆起飞验证试验中，为考核探测器导航制导与控制性能，需要精确外测探测器的三维运动参数。与此同时，还需要记录试验影像资料，并监测试验期间的气象情况。因此，在地外天体着陆起飞综合试验场的总体方案设计中，需采用高精度光学高速测量技术，以实现探测器位移、速度、加速度、姿态角速度等运动参数的精确测量，并真实记录探测器在不同工况下的着陆验证试验和起飞验证试验过程。此外，还需配置相应的内测设备，以实现对探测器关键部位的载荷、加速度等性能参数的测量。

（7）试验保障条件

在地外天体着陆起飞综合试验场的设计中，应充分考虑实施地外天体探测器着陆起飞综合验证试验的保障条件，包括探测器的机械装配、维修与维护保障，探测器推进系统的保障，试验场供电保障，参试设备及物资的运输与存储保障。此外，还需能够实时监测不同高度的风速与风向，试验场气温、湿度等气象数据，以提供气象保障。最后，还应考虑参试人员安全防护保障及其他相关方面的保障条件。

1.4.2 组成

地外天体着陆起飞综合试验场主要由试验实施系统、试验测量系统及试验保障系统组成。其中，试验实施系统主要有低重力模拟试验平台、着陆缓冲试验系统、稳定性试验系统、模拟地表区、指挥控制系统等试验设施设备；试验测量系统主要有着陆冲击测量系统、光学图像测量系统、场地坐标系标定系统、地貌高程测量系统等试验设施设备；试验保障系统主要包括总装测试及转运系统、光照系统、气象参数测量系统、推进保障系统、参试人员保障等试验设施设备，如图1-6所示。

此外，地外天体着陆起飞综合试验场还需建设总装、测试、指控、存储、加注、供配电及人员参试所需的配套厂房和基础设施。

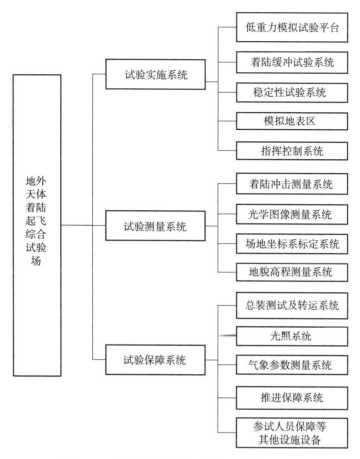

图 1-6　地外天体着陆起飞综合试验场的组成

1.4.3　接口

（1）通信接口

试验场中的指挥控制系统负责整个试验的调度、指挥、控制、监测等任务，是试验场的通信中枢，所有试验数据、试验图形、状态信息等数据最后都会汇总到指挥控制中心，进行处理、存储、分发、显示和分析。

在试验过程中，着陆/起飞验证器、低重力模拟试验平台、地面测量系统会产生大量的试验数据、图像信息、控制指令信息、状态数据，这些信息需要由指挥控制系统来进行处理、存储、分发，以实现实时监控。各系统与指挥控制系统的数据流关系如图 1-7 所示。

指挥控制系统与着陆/起飞验证器、低重力模拟试验平台、地面测量系统等存在数据交换接口。同时，指挥控制系统中的授时中心负责向参试验证器及试验设施发布时统信号。

整个试验场的信号形式主要包括 6 种类型：光纤信号、网口信号、时统信号、视频信

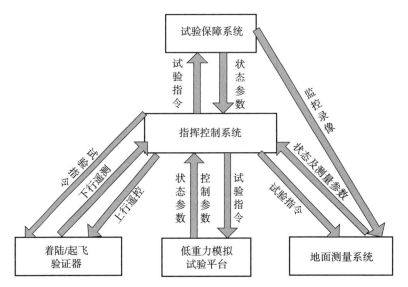

图 1-7　各系统与指挥控制系统的数据流关系

号、串口信号及无线信号。

　　试验开始前进行推进剂加注时，加注工房内的工作站通过光纤信号将加注监视图像传输至地面测量系统的传输与数据分析子系统，再由该子系统传输到指挥控制系统的网络子系统。网络子系统通过网口信号将图像和数据传输至指挥显示子系统，供试验人员监测。此外，指挥显示子系统与加注工房间具备调度指令的连接关系，可由指挥显示子系统向加注控制过程发送调度指令。

　　试验开始时，指挥控制系统的网络子系统通过网口信号向着陆/起飞验证器、地面测量系统和低重力模拟试验平台同时发送试验开始指令，并发送时统信号。

　　着陆/起飞试验开始后的控制数据流如下：

　　1）验证器通过光纤信号将下行遥测数据传输至验证器地面总控工作站，地面总控工作站再通过网口信号将遥测数据传回网络子系统。

　　2）低重力模拟试验平台通过光纤信号将三维随动分系统的运行数据和主体结构的状态监测数据传回网络子系统。

　　3）地面测量系统通过光纤信号将所有测量数据传回指挥控制系统的网络子系统，同时将视频图像通过视频信号传回指挥控制系统的指挥显示子系统。

　　4）指挥控制系统的时统子系统通过网口信号将时统信号传给网络子系统，网络子系统再通过网口信号将带有时钟码的数据传给其他参试系统。

　　5）指挥控制系统的数据存储和处理子系统通过网口信号将处理后的测量数据传回网络子系统，网络子系统将需要显示的数据传给指挥显示子系统。

　　（2）机械接口

　　低重力模拟试验平台的主体结构为指挥控制系统提供多路摄像安装平台，为气象参数测量系统提供安装平台，以及为试验场地光照系统和试验平台上的光照设备提供安装平台。

　　在试验场转运过程中，着陆验证器通过专用的转运车与试验场保障系统中的转运电瓶车进行连接；在试验过程中，着陆验证器及其万向吊具通过吊绳与低重力模拟试验平台的三维随动系统连接。在主动运行工况时，低重力模拟试验平台配备专用的姿态稳定装置，用于将验证器与快速随动平台连接固定。

　　试验场提供测试厂房、加注厂房、临时存放间等配套场地，以及供电、供水、空调、排风、氮气、消防、废液排放等相关设施。

参 考 文 献

［1］ 吴伟仁，刘晓川．国外深空探测的发展研究［J］．中国航天，2004（1）：26-30.

［2］ 叶培建，邓湘金，彭兢．国外深空探测态势特点与启示（上）（下）［J］．航天器环境工程，2008（5）：401-415；2008（6）：501-511.

［3］ 于登云，吴学英，吴伟仁．我国探月工程技术发展综述［J］．深空探测学报，2016，3（4）：307-314.

［4］ 任德鹏，李青，刘振春，等．月面着陆起飞试验技术研究［J］．深空探测学报，2018，5（3）：281-285，298.

［5］ 吴伟仁，于登云．"嫦娥3号"月球软着陆工程中的关键技术［J］．深空探测学报，2014，1（2）：105-109.

［6］ 黄翔宇，张洪华，王大轶，等．"嫦娥三号"探测器软着陆自主导航与制导技术［J］．深空探测学报，2014，1（1）：52-59.

［7］ 沈超，王晓博，罗伟，等．着陆器倾斜状态对伽玛关机敏感器测高精度的影响分析［J］．航天返回与遥感，2015，36（5）：29-35.

［8］ 郭璠，李群智，饶炜，等．"火星科学实验室"的EDL试验验证技术及启示［J］．航天器工程，2018，27（2）：104-113.

［9］ 饶炜，孙泽洲，孟林智，等．火星着陆探测任务关键环节技术途径分析［J］．深空探测学报，2016，3（2）：121-128.

［10］ 孟林智，董捷，许印乔，等．无人火星取样返回任务关键环节分析［J］．深空探测学报，2016，3（2）：114-120，128.

［11］ 董捷．国外探测器接近至着陆小天体的飞行策略研究［J］．航天器工程，2016，25（4）：87-94.

［12］ ULAMEC S，FANTINATI C，MAIBAUM M，et al. Rosetta Lander - Landing and operations on comet 67P/Churyumov - Gerasimenko［J］. Acta Astronautica，2016（125）：80-91.

［13］ ULAMEC S，O'ROURKE L，BIELE J，et al. Rosetta Lander - Philae：Operations on comet 67P/Churyumov - Gerasimenko，analysis of wake - up activities and final state［J］. Acta Astronautica，2017（137）：38-43.

［14］ KAWAGUCHI J，FUJIWARA A，UESUGI T. Hayabusa：its technology and science accomplishment summary and Hayabusa - 2［J］. Acta Astronautica，2008（62）：639-647.

［15］ KUBOTA T，HASHIMOTO T，SAWAI S，et al. An autonomous navigation and guidance system for MUSES - C asteroid landing［J］. Acta Astronautica，2003（52）：125-131.

［16］ ROGER W F. Apollo experience report - lunar module landing gear subsystem［R］. NASA TN D - 6850，1972.

［17］ 叶培建，肖福根．月球探测工程中的月球环境问题［J］．航天器环境工程，2006（1）：1-11.

第 2 章　低重力模拟试验技术

2.1　相似模型试验法

对于月球、火星等地外天体探测，基于相似理论，采用等比缩放模型进行着陆与起飞试验是一种经济、直观、安全的试验方法。此种试验方法虽然不能对真实产品进行全面的验证考核，但可用于探测器着陆起飞相关的关键技术的原理性探索与验证，也可在部分关键产品研制初期进行试验验证。

2.1.1　模型相似性关系

相似模型最关键的是确定相似参数。对于探测器在月球、火星等表面的最终着陆段与起飞过程的验证，主要关注探测器的着陆缓冲性能、着陆稳定性能、起飞过程的运动特性等。试验缩放模型相对于探测器原型应满足几何相似、运动相似及动力相似。也就是说，探测器在地外天体着陆与起飞的试验验证中，关注的是运动及动力学性能，这属于力学现象，涉及的主要物理参数包括探测器的质量 m、转动惯量 I、探测器尺寸 l、缓冲支柱截面积 A、运动位移 s、运动速度 v、运动加速度 a、重力加速度 g、角速度 ω、角加速度 α、作用力 F、缓冲器应力 σ、时间 t 等。这些物理量在国际单位制中的量纲如表 2 - 1 所示。

表 2 - 1　主要物理量在国际单位制中的量纲

物理量	m	I	l,s	A	v	a,g	ω	α	F	σ	t
量纲	M	ML^2	L	L^2	LT^{-1}	LT^{-2}	T^{-1}	T^{-2}	MLT^{-2}	$ML^{-1}T^{-2}$	T

针对力学问题，选取尺寸 l、质量 m、时间 t 作为 3 个重复变量，它们的量纲分别为 [L]、[M]、[T]，且是线性无关的。根据量纲分析法的经典 π 定理，用其余的物理量分别和重复变量共同构成相似参数，可得到式（2 - 1）所示关系。

$$\pi_1 = \frac{I}{ml^2}$$

$$\pi_2 = \frac{A}{l^2}$$

$$\pi_3 = \frac{vt}{l}$$

$$\pi_4 = \frac{at^2}{l}$$

$$\pi_5 = \omega t$$　　　　　　　　　　　　(2-1)

$$\pi_6 = \alpha t^2$$

$$\pi_7 = \frac{Ft^2}{ml}$$

$$\pi_8 = \frac{\sigma l t^2}{m}$$

对于模拟地外天体开展着陆冲击等试验验证，设计试验模型时，首先需要考虑的是重力加速度（以及探测器的运动加速度）比例因子 C_g 和模型尺寸的比例因子 C_l。此外，为了确保试验的有效性，应保证试验模型的缓冲应力 σ 与真实探测器是一致的，即 C_σ 为 1。

令 $C_g = C_a = \beta$，$C_l = \lambda$，$C_\sigma = 1$，分别代入 $\pi_1 \sim \pi_8$ 中，可求解出各物理量对应的比例因子。

例如，求解时间比例因子 C_t，基于 π_4 有

$$\frac{at^2}{l} = \frac{(\beta a)(C_t t)^2}{\lambda l}$$　　　　　　　　　　　　(2-2)

由式（2-2）则可导出：

$$C_t = \sqrt{\frac{\lambda}{\beta}}$$　　　　　　　　　　　　(2-3)

同理，可计算得到各参数的比例因子，如式（2-4）所示。

$$C_M = \frac{\lambda^2}{\beta}$$

$$C_A = \lambda^2$$

$$C_F = \lambda^2$$

$$C_I = \frac{\lambda^4}{\beta}$$　　　　　　　　　　　　(2-4)

$$C_v = \sqrt{\lambda\beta}$$

$$C_\omega = \sqrt{\frac{\beta}{\lambda}}$$

$$C_\alpha = \frac{\beta}{\lambda}$$

根据所得到的各物理量比例因子，可以确定探测器试验模型与探测器原型在不同重力

条件及尺寸下的运动及动力学相似关系，如表 2 - 2 所示。

表 2 - 2　试验模型与探测器原型对应于不同重力条件及尺寸下的运动及动力学相似关系

物理量	尺寸	质量	时间	应力	重力加速度	加速度	面积	力	转动惯量	速度	角速度	角加速度
探测器原型	l	m	t	σ	g	a	A	F	I	v	ω	α
比例因子	λ	λ^2/β	$\sqrt{\lambda/\beta}$	1	β	β	λ^2	λ^2	λ^4/β	$\sqrt{\lambda\beta}$	$\sqrt{\beta/\lambda}$	β/λ
全尺寸模型地外天体重力 $(\lambda=1,\beta=1)$	l	m	t	σ	g	a	A	F	I	v	ω	α
全尺寸模型地球重力 $(\lambda=1,\beta)$	l	m/β	$\sqrt{1/\beta}\cdot t$	σ	βg	βg	A	F	I	$\sqrt{\beta}\cdot v$	$\sqrt{\beta}\cdot\omega$	$\beta\alpha$
缩比模型地球重力 (λ,β)	λl	$\lambda^2/\beta\cdot m$	$\sqrt{\lambda/\beta}\cdot t$	σ	βg	βg	$\lambda^2 A$	$\lambda^2 F$	$\lambda^4/\beta\cdot I$	$\sqrt{\lambda\beta}\cdot v$	$\sqrt{\beta/\lambda}\cdot\omega$	$\beta\alpha/\lambda$

2.1.2　试验方法

基于相似模型法，可以在地面地球重力环境下开展着陆冲击、起飞上升等试验验证，并将获取的试验数据根据表 2 - 2 所示的动力学相似关系换算到全尺寸、地外天体重力环境。文献［1］基于此低重力模拟试验方法，结合有限元仿真，对月球探测器的着陆冲击性能进行了计算分析，得出了"探测器结构及月壤柔性对探测器模型相似性影响较小"的结论，说明基于相似模型试验法开展地外天体低重力模拟试验具备广泛的适应性。

美国国家航空航天局（National Aeronautics and Space Administration，NASA）在阿波罗登月工程的早期阶段，针对月球着陆器软着陆机构的设计，开展了大量的缩比模型试验。起初，NASA 使用 1/6 缩比尺寸模型对不同软着陆支架的布局和构型进行对比分析，包括 4 腿对称构型、4 腿非对称构型、5 腿构型等，这些着陆腿均为三角式构型，相关模型如图 2 - 1 所示。随着研究的深入，NASA 最终确定软着陆支架采用 4 腿方案，并将构型调整为悬臂式。之后，NASA 继续利用缩比模型对着陆器的着陆缓冲性能和着陆稳定性能开展了试验研究，模型如图 2 - 2 所示。

采用此比例关系的缩比模型，当尺寸缩比为 1/6 时，考虑到地球重力加速度是月球的 6 倍（即对应表 2 - 2 所示的 λ 为 1/6、β 为 6），则模型质量需进一步缩比达到 3 次方关系，即达到 1/216。此 NASA 缩比模型的质量为 26 kg，而其着陆舱最终的着陆质量为 5 611.4 kg，两者接近 216 的比例关系。

参考文献［2，3］利用 1/6 缩比尺寸的缩比模型试验结果，基于相似理论推算全尺寸模型所得到的参数，并将其与全尺寸模型试验结果进行对比，结果显示符合性良好。这说明，利用缩比模型开展试验以获取低重力条件下探测器着陆与起飞的性能参数具备较好的参考价值，可用于工作原理和性能参数的初步研究。

摆杆

(a) 缩比模型

(b) 4腿对称构型

(c) 4腿非对称构型

(d) 5腿对称构型

图 2-1　阿波罗登月舱早期进行软着陆支架构型研究的缩比模型

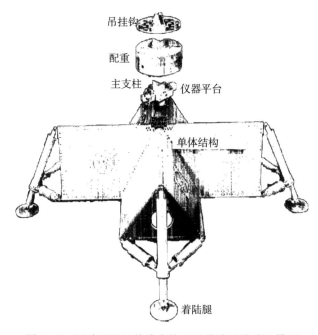

吊挂钩

配重

主支柱　　仪器平台

单体结构

着陆腿

图 2-2　阿波罗登月舱确定构型后着陆试验缩比模型

采用相似模型试验法可以不直接模拟地外天体重力场，因而可通过常规的试验方法对探测器的着陆或起飞过程进行验证。以着陆缓冲、着陆冲击类试验为例，可基于复摆投放方式实施。

着陆缓冲和冲击试验需要模拟着陆器在不同的着陆速度与姿态下的工况。这些工况所需的水平速度和垂直速度可采用摆锤原理和自由落体原理来获得。如图 2-3 所示，利用复摆连杆机构实施试验，将摆杆拉起一定角度后释放，利用试验模型的重力自由向下摆动。当摆杆向下摆到铅垂位置时投放试验模型，试验模型即做平抛运动。在重力作用下，试验模型以一定的水平速度和垂直速度着地，继而验证着陆器的着陆缓冲性能。

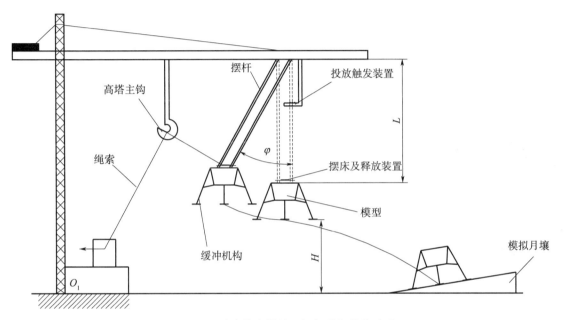

图 2-3　月球着陆器基于摆杆进行着陆试验

在不计摆动件的机械摩擦阻力和空气阻力的情况下，试验所需摆杆长度 L 及摆角 φ 可根据式（2-5）进行计算。而所需投放模型底面距地面高度 H 可根据式（2-6）进行计算。

$$L = \frac{V_h^2}{2g(1-\cos\varphi)} \qquad (2-5)$$

$$H = \frac{V_v^2}{2g} \qquad (2-6)$$

式中，V_h、V_v 分别为试验所需的落地水平速度和垂直速度；g 为地球重力加速度。

此外，通过调整图 2-3 所示摆杆下方摆床与水平面之间的角度，可以实现试验模型以不同的姿态角投放。

相似模型试验法基于运动及动力学相似理论，一般采用更小尺寸的模型开展试验。此方法可以以更低成本对地外天体着陆及起飞中的着陆缓冲、上升运动进行验证，从而获取相关数据；但其局限性主要在于模型质量、尺寸等关键参数与实际产品存在较大差异，难以对实际产品进行真实的验证。因此，相似模型试验法一般用于原理性的研究和初步方案设计中的探索性验证。

2.2　斜面试验法

月球、火星等地外天体均为低重力环境，月球表面的重力加速度约为地球表面的 1/6，火星表面的重力加速度约为地球表面的 3/8。对于低重力场下的着陆过程，要使试验验证器以一定的速度、姿态着陆在特定角度的斜面上，利用斜面的法向分力来实现在地外天体着陆时的低重力模拟是一种简单有效的试验方法。除了低重力条件模拟外，利用斜面试验法还可以在斜面上模拟探测器与月壤、火壤等地外天体表面接触的摩擦系数及典型着陆区的地形地貌特征，从而实现探测器着陆过程中与月球表面、火星表面等地外天体表面的相互作用。

2.2.1　斜面试验法原理

斜面试验法的基本原理是利用试验验证器着陆在倾斜着陆面时，重力在着陆面法向的分力等于着陆在地外天体表面时的低重力，如图 2-4 所示。对于月面 1/6 地球重力加速度，斜面与水平方向夹角 η 约为 80.5°；对于火星 3/8 地球重力加速度，斜面与水平方向夹角 η 约为 68°。

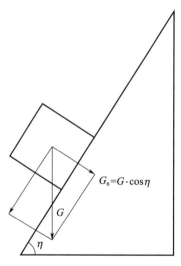

$$G_n = G \cdot \cos\eta$$

图 2-4　斜面试验法的基本原理

斜面试验法除了倾斜着陆面的设置外，更为关键的是试验验证器的吊挂、释放等环节。其试验设施的基本组成如图 2-5 所示[4]。斜面试验法的基本过程如下：试验开始后释放水平拉绳，则试验验证器在吊绳和摆绳的共同作用下由初始释放位置至平衡位置之间做双线摆运动，到达平衡位置处即可获得试验验证器相对倾斜着陆面的水平运动速度。此时摆绳释放，试验验证器落向倾斜着陆面做单摆运动，与倾斜着陆面接触时获得所需的水平速度、垂直速度和相对着陆姿态。

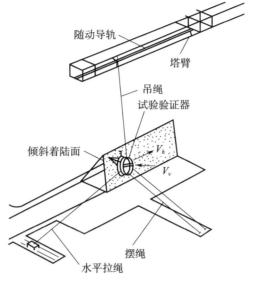

图 2 - 5　斜面试验法试验设施基本组成

斜面试验法相应的试验系统除试验验证器、倾斜着陆面之外，主要还包括试验塔架（含随动导轨）及吊挂释放装置（吊绳、摆绳、水平拉绳、触发装置、释放装置等）。试验验证器通过吊绳吊挂在试验塔架的随动装置上，随动装置能够实现对试验验证器着陆后水平方向的一维随动，从而在试验验证器的运动过程中保持吊绳对试验验证器作用的拉力大小和方向稳定。通过两根摆绳可实现试验验证器相对斜面的俯仰角度设置，并可拉动试验验证器与斜面之间的特定距离，以实现试验验证器着陆时相对斜面的特定垂直速度。通过水平拉绳将试验验证器拉起一定的角度，以实现试验验证器着陆时相对斜面的特定水平速度。

在斜面试验法中，吊绳的长度需结合试验验证器着陆冲击过程中质心相对斜面法向的位移变化及试验过程中模拟低重力加速度的允许最大变化率等因素确定。在确定吊绳长度后，可进一步根据试验工况的要求确定摆绳、水平拉绳的长度及相应的拉偏角度等试验控制参数。

在试验验证器着陆在斜面上时，由于接触时试验验证器的初始姿态、缓冲过程中俯仰运动及着陆腿缓冲行程而产生的质心在斜面法向的位移变化，会导致吊绳与斜面之间的角度变化（吊绳与倾斜着陆面不再平行），由此，质心在斜面法向上的分量也会发生变化，会与所要求的低重力产生偏差。如图 2 - 6 所示，吊绳的理论位置 OC 与斜面 AB 平行，此时两者之间的距离为 h，其与铅垂线的夹角为 θ，此时模型作用到斜面 AB 法向的重力加速度分量为 $g\sin\theta$，g 为地球重力加速度。

当模型质心移动到 C' 位置时，C' 距着陆面 AB 的距离为 $h+\Delta h$，此时吊绳与铅垂线之间的夹角为 $\theta+\Delta\theta$。质心移动引起的模拟重力加速度的变化量 ΔG 有如下关系：

$$\Delta G = g\sin(\theta+\Delta\theta) - g\sin\theta = g(\sin\theta\cos\Delta\theta + \sin\Delta\theta\cos\theta - \sin\theta) \qquad (2-7)$$

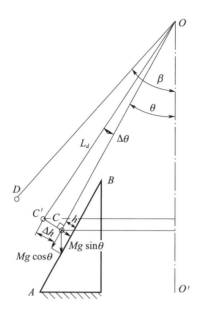

图 2-6　模型质心变化对斜面法向重力加速度的影响关系

试验实施时应保证 $\Delta\theta$ 是一个很小的值，即 $\cos\Delta\theta \approx 1$。根据图 2-6 所示几何关系，式（2-7）可改写为：

$$\Delta G = g\sin\Delta\theta\cos\theta = g\left(\frac{\Delta h}{L_d}\right)\cos\theta \tag{2-8}$$

式中，L_d 为吊绳长度，有：

$$L_d = \frac{g\,\Delta h\cos\theta}{\Delta G} \tag{2-9}$$

以某探测器模拟月面着陆试验为例[5]，θ 为 9.5°，试验验证器由于着陆姿态或缓冲过程而引起质心距着陆面高度的最大变化量为 1.1 m。要求试验过程中，由于质心位置的变化而引起的模拟重力加速度的最大变化率（模拟加速度的变化量/模拟重力加速度）不大于 0.1，即 $\Delta G / \left(\dfrac{g}{6}\right) \leqslant 0.1$，则 $g/\Delta G \geqslant 60$。对于模拟月球着陆重力场环境，则可由式（2-9）计算出所需吊绳的最小长度：$L_d = \dfrac{g\,\Delta h\cos\theta}{\Delta G} = 60 \times 1.1 \times \cos(9.5°)$ m $= 65.1$ m。考虑到模型的尺寸，可取吊绳长度为 66 m。

利用图 2-5 所示摆绳，将吊绳拉起的张角 β 由试验所需的垂直斜面的法向速度 V_v 决定，如图 2-6 所示。基于能量转换关系可得到式（2-10），由此可计算角度 β。

$$gL_d(\cos\theta - \cos\beta) = \frac{1}{2}V_v^2 \tag{2-10}$$

摆绳的长度 L_b 可根据试验场地对出绳点的布置来确定，一般可取不小于吊绳长度的一半。与试验吊绳顶点的距地高度 H 满足图 2-7 所示的几何关系：

$$L_d\cos\beta + L_b\cos\omega = H \tag{2-11}$$

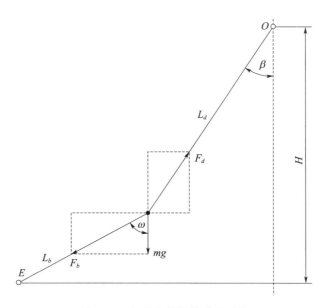

图 2-7　摆绳与吊绳的受力平衡

通过吊绳和摆绳将试验验证器拉起到一定的位置后，可以获取其在着陆斜面时的垂直速度。为了设置试验验证器着陆斜面时的俯仰角度，一般设置两根摆绳，并通过对两根摆绳的出绳长度进行精调，以实现模型特定的着陆俯仰角度。

为了获取试验验证器着陆时平行于斜面的水平速度，需要使用图 2-5 所示的水平拉绳。通过水平拉绳把试验验证器从图 2-8 所示中的位置 D 拉至 D' 位置，设此时吊绳与摆绳所在的面 OED' 与初始面 OED 之间的夹角为 α，正是由于将模型拉起了这个角度，释放水平拉绳后才能产生需要的水平速度，因此必须确定 α 的大小。

以下是对 α 的计算过程。

如图 2-8 左侧所示，有式（2-12）～式（2-15）构成的长度、角度关系：

$$\angle EDO = 180° + \beta - \omega \tag{2-12}$$

$$\overline{EO} = \sqrt{L_b^2 + L_d^2 - 2L_bL_d\cos(\angle EDO)} \tag{2-13}$$

$$\angle DEO = \cos^{-1}\left(\frac{L_b^2 + \overline{EO}^2 - L_d^2}{2L_b\overline{EO}}\right) \tag{2-14}$$

$$d = L_b\sin(\angle DEO) \tag{2-15}$$

由能量转换关系，如图 2-8 右侧所示，从 D' 点运动到 D 点：

$$gd(1 - \cos\alpha) = \frac{1}{2}V_h^2 \tag{2-16}$$

可得到 α 的计算式：

$$\alpha = \cos^{-1}\left(1 - \frac{V_h^2}{2gd}\right) \tag{2-17}$$

试验验证器质心在水平方向上移动的距离为 $d\sin\alpha$，该值可作为试验时用于实际操作

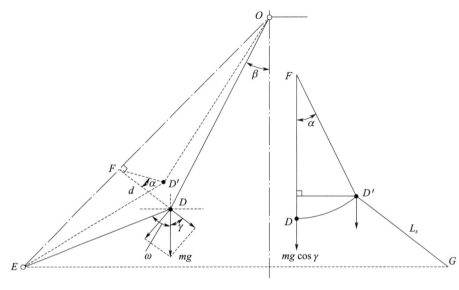

图 2-8　水平拉绳位置控制

的参数。水平拉绳的长度可根据试验场地对出绳点的布置来具体确定，一般可参考摆绳的长度进行选取。

在斜面试验法中，用来吊挂试验验证器的绳系一般选取钢丝绳。为了确保试验安全，钢丝绳的强度一般应为试验验证器重力的 5 倍以上，远远超出试验过程中吊绳、摆绳和水平拉绳的实际受力，因而基本可以忽略绳系在试验过程中的变形影响。需要注意的是，由于试验验证器的空间三维运动存在一定的旋转，因此应选择防旋钢丝绳，并与试验验证器连接采取消旋措施。

2.2.2　试验方法

国内外的月球着陆器、火星着陆器均利用斜面试验法开展了大量的着陆缓冲和着陆稳定性试验，旨在考察着陆器的着陆姿态、着陆速度、着陆面地形和着陆面力学参数对着陆缓冲性能和着陆稳定性的影响。

以我国探月二期工程月球着陆器为例，利用斜面试验法开展了大量的着陆稳定性试验，某次试验场景如图 2-9 所示。在该试验中，试验验证器着陆于倾斜着陆面时，法向分力模拟了 1/6 重力，同时倾斜着陆面与试验验证器安装的着陆腿足垫间的摩擦系数按要求设置，并布置了凸起、阻碍等表面特征，以验证月球着陆时的特定工况[5]。

该试验系统主要由试验验证器、倾斜着陆面、试验塔架（含随动装置）、绳系吊挂释放装置（吊绳、摆绳、水平拉绳、释放系统等）和地面测量系统组成。对于试验实施而言，最主要的是通过吊绳、摆绳、水平拉绳等组成的绳系来实现试验验证器的吊挂和释放，且在释放后确保绳系不影响试验验证器相对于倾斜着陆面的运动状态。

（1）试验验证器吊挂方法

吊绳在试验过程中始终吊挂在试验验证器上，并要求在试验验证器运动过程中始终通

图 2-9　探月二期工程利用斜面试验法开展着陆稳定性试验场景

过质心。但一般而言，吊绳难以直接连接到试验验证器的质心，因此需要设置分吊绳，在试验验证器上设置多个吊挂点，多根分吊绳一端与平行试验验证器侧面的吊点连接，另一端汇交到主吊绳上的调节点上，如图 2-10（a）所示。通过调节不同分吊绳的长度，保证在不同试验工况下，吊绳的拉力经过试验验证器质心。

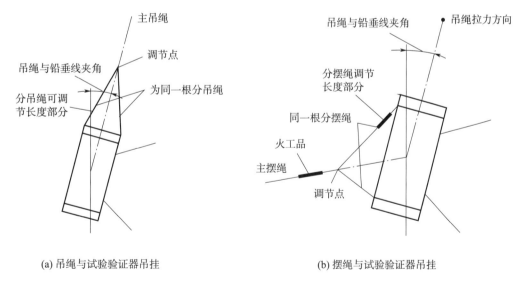

(a) 吊绳与试验验证器吊挂　　　　　　　　　　(b) 摆绳与试验验证器吊挂

图 2-10　吊绳、摆绳与试验验证器吊挂

摆绳在试验中为试验验证器提供相对着陆倾斜面的法向速度，并能调节试验验证器的俯仰角，可采用由两根平行的特定长度的主摆绳和各自两根分摆绳组成。在每次试验过程中，两根主摆绳可同步调节出绳长度，各自分摆绳可分别调整不同长度，以保证摆绳的合拉力实现过质心的作用效果。摆绳上与试验验证器连接的一端可以安装火工品，用于实现瞬时的分离；另一端与地面的连接装置连接，通过调节连接装置的角度可以控制试验验证

器相对倾斜着陆面的俯仰角度，如图 2 − 10（b）所示。

　　水平拉绳的过质心程度对试验验证器的俯仰姿态有很大影响，可设置质心万向吊具（图 2 − 11），使水平拉绳的拉力在各个方向都能通过质心。

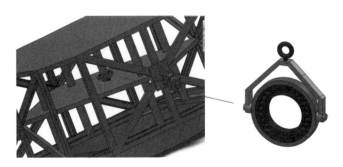

图 2 − 11　水平拉绳与试验验证器连接的过质心万向吊具

（2）试验验证器释放方法

　　以我国探月二期工程着陆器着陆稳定性试验为例，为了确保绳索释放动作迅速、时机准确，水平拉绳与摆绳的释放均采用火工品实现，摆绳的释放通过光电开关触发，其原理如图 2 − 12 所示。正式试验开始后，控制装置触发火工装置 1 动作，水平拉绳与试验验证器分离，试验验证器随吊绳和摆绳从初始位置开始运动。当试验验证器随吊绳和摆绳运动到平衡位置时，摆绳通过光电传感器光路并瞬时发出光电触发信号。控制器接收光电触发信号后，控制火工装置 2 和火工装置 3 动作，摆绳与试验验证器分离释放，同时控制器发出测量系统的同步触发信号。试验验证器继续在吊绳的作用下运动，吊绳顶端的滑块在导轨上被动随动，直至试验撞击结束。

　　该项着陆稳定性试验的光电触发装置组成框图如图 2 − 13 所示，使用光电传感器判断摆绳到达平衡位置的时机。图 2 − 13 中，K1、K2、K3 为 3 个光电传感器，分别控制 3 个磁保持继电器 J1、J2、J3，继电器 J1、J2、J3 串联。试验时，当摆绳运行到预定位置时切断 K1 激光束，这时继电器 J1 闭合；摆绳运行到平衡位置时切断 K2 激光束，继电器 J2 闭合。由于事前将 K3 设置为切断激光束断开，因此当摆绳没有运行到 K3 时，J3 一直处于接通状态。所以，当摆绳运行到平衡位置时，J1、J2、J3 全部接通，触发电路闭合，发出光电触发信号；当摆绳继续运动，经过预定位置切断 K3 激光束时，J3 断开，控制电路断电。一旦试验验证器没有在预定位置正常释放，系统会确保本次试验不会再释放试验验证器。

　　试验验证器在整个试验过程中始终受到吊绳的作用，为了确保试验验证器在撞击倾斜着陆面后吊绳对其运动不产生干扰，吊绳的上端需能随试验验证器随动。可采取被动随动的方式，将吊绳上端连接到滑块上，滑块安装在导轨中，并要求导轨间的摩擦力足够小（一般可不大于 50 N），以满足试验验证器在相对倾斜着陆面进行水平运动时被动跟随的要求。随动导轨应具有自动调平功能，在标定好初始水平位置后，由于试验验证器在滑动过程中产生的导轨偏斜，调平机构可对随动导轨进行自动调整。

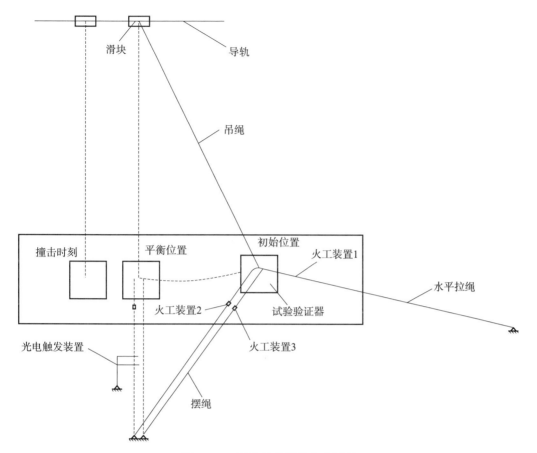

图 2-12 试验触发释放方法原理

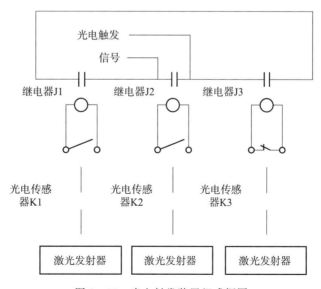

图 2-13 光电触发装置组成框图

斜面试验法的试验设施及试验方案可参阅本书第 8 章典型试验实施方案的相关章节。

2.3　悬吊试验法

悬吊试验法的基本原理是在地面试验时，始终对着陆探测器施加一个特定量值的垂直向上的拉力。例如，为了模拟月球 1/6 的重力，应施加大小为 5/6 着陆探测器重力的拉力，并要求该拉力作用在着陆探测器的质心。悬吊试验法又分为主动式、被动式和主被动混合式。其中，主动式是通过伺服控制系统使吊绳拉力达到所需抵消的特定重力，并使吊绳主动跟随试验物体的运动；被动式是采用配重和滑轮结构等被动地补偿重力，以实现低重力的模拟；主被动混合式则综合伺服控制系统、配重、滑轮组等形式，来实现低重力模拟[6,7]。

对于地外天体着陆与起飞模拟试验，主动式悬吊试验法具有更为显著的优势，能够实现更大的运动范围、三维空间的运动模拟，高精度调节拉力，且在航天器工程中得到了良好的应用。因此，本节介绍主动式悬吊试验法。

悬吊试验法的核心问题是必须保证所施加向上拉力的垂直度。否则，吊绳偏离的角度会导致拉力产生水平方向的分量。一方面，这会使低重力模拟产生偏差，另一方面，水平力对着陆探测器会产生扰动。此外，如何保证向上的拉力始终作用在着陆探测器的质心位置也非常关键，这可以通过设计特殊的吊挂装置来实现。

悬吊试验法可通过多种方式来实现，例如，利用直升机或者浮空气球通过吊绳悬吊探测器的方式，或利用试验塔架通过吊绳悬吊探测器的方式，等等。然而，直升机或者气球的方式实现困难，不仅难以达到试验所需的控制精度，且安全风险大，一般极少采用。因此，悬停试验法一般采用塔架方式实施。

试验塔架通过吊绳悬吊着陆探测器，在试验中控制吊绳以平衡着陆探测器的部分重力，从而模拟地外天体的特定低重力环境。吊绳需要具备水平随动功能，以便在试验中吊绳能够实时跟随着陆探测器水平方向的运动，并保持一定的垂直角度，从而避免吊绳拉力的水平分力对着陆探测器产生干扰。基于塔架的悬吊试验如图 2 - 14 所示。

2.3.1　悬吊试验法原理

在利用悬吊试验法对探测器进行着陆下降或起飞试验时，探测器主要受到自身重力、发动机推力、吊绳拉力及干扰力的作用。在理想状态下，吊绳拉力垂直向上，平衡一部分着陆探测器的重力，着陆探测器通过调节下降/上升发动机推力及姿控发动机推力等，能够实现最终着陆段或起飞上升段的模拟验证。着陆探测器的受力状态如图 2 - 15 所示。其中，F_d 为吊绳拉力，F_t 为垂直发动机推力，F_g 为垂直方向干扰力，Mg 为着陆探测器重力，F_z 为姿控发动机产生的水平方向推力，F_w 为风阻等水平干扰力。

由于着陆探测器存在水平运动，因此吊绳必须能够实现水平方向的跟随。但是，即使吊绳水平方向跟随能力非常强，在试验过程中吊绳也必定会与垂直方向存在偏角。需要确

图 2-14 基于塔架的悬吊试验

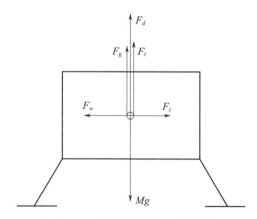

图 2-15 着陆探测器的受力状态

保的是吊绳与垂直方向的偏角足够小，使得所产生的吊绳拉力的水平分量不影响试验实施；否则，悬吊试验法满足不了预期所需要的低重力模拟试验效果。

着陆探测器要模拟地外天体的最终着陆段过程，试验的下降高度应等同或者接近真实情况。例如，我国探月二期工程"嫦娥三号"着陆器在登月过程中，最终着陆段从距离月面 100 m 高度开始，相应的地面试验验证需要综合考虑验证难度、试验设施规模及验证效果等，是按照 70 m 高度开展的。采用悬吊试验法时，需要始终从试验塔架上对着陆探测器连接吊绳，而为了满足着陆探测器最终着陆段整个过程的模拟试验需求，吊绳需要能够达到足够的长度以实现 70 m 高度范围内的收放。从而，为了满足下降高度试验需求的吊绳长度与满足水平方向跟随运动能力的需求之间产生了矛盾。因为吊绳越长，在水平跟随过程中越容易出现摆动和震荡，所产生的扰动越大，且从吊绳下端的水平运动传递到上端的响应时间越长，从而使水平随动能力越加难以保证。

由以上矛盾可以发现，对于大范围运动模拟的悬吊试验法，采用单根吊绳的方式存在固有的缺陷。其解决办法是采用分级随动模式的吊绳设计，以实现着陆探测器在大空间范围内的运动过程验证。图 2-16 所示为悬吊试验法分级随动的原理。吊绳从快速随动平台伸出，连接着陆探测器，并始终保持较短的长度，同时在快速随动平台上可以进行水平方向的随动，从而确保对着陆探测器作用的吊绳偏角收敛到足够小。快速随动平台在牵引绳系的作用下实现大空间范围的运动，从而满足着陆探测器整个最终着陆段的验证需求。其关键问题是确保快速随动平台具备足够的运动速度、加速度，使作用于着陆探测器的吊绳能够随之实现大范围随动；并且在牵引绳系的作用下保持足够的刚度及稳定的姿态，从而确保吊绳的垂直度。

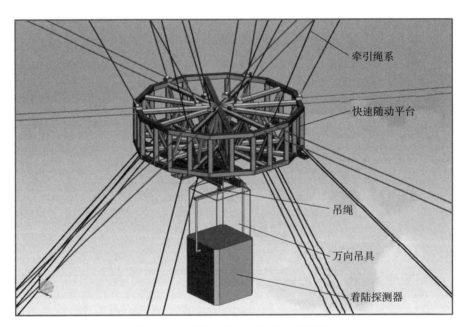

图 2-16　悬吊试验法分级随动的原理

在分级随动的悬吊试验法中，牵引绳系由多根绳索组成了超静定系统。各绳索的一端可视为固定在塔架结构上，另一端连接到快速随动平台上。为了实现快速随动平台在试验所需空间范围内的运动，牵引绳系的绳索长度需要相应进行收放调整，以确保快速随动平台的运动与姿态。

快速随动平台的位置、姿态和刚度（快速随动平台产生微小移动时，系统产生的阻碍这一移动的力与移动大小的比值）由牵引绳系决定。牵引绳系的各绳索（一般采用钢丝绳）主要受到张力和重力的作用，其他载荷如风阻等很小，认为可忽略。考虑到钢丝绳的弯曲刚度很低，可将其视为完全柔性，即仅承受张拉，而不具备抗弯能力。因此，牵引绳系的各绳索可视为悬链线问题，需要根据悬链线方程来确定各钢丝绳的形状和相应长度。

不失一般性，假设一根钢丝绳的空间两端点位置为 A、B，其中 B 点高于 A 点，在包含 A、B 两点的铅垂平面内建立平面直角坐标系，将 A 选为坐标原点，同时使 B 点位于第一象限，水平轴为 X 轴，垂直轴为 Y 轴。假设钢丝绳的线密度为 ρ（单位：kg/m），长度为 L（单位：m），则钢丝绳的形状可通过求解以下泛函极小化问题获得：

$$\min_{y(x)} \int_A^B \left(\rho g y(x) \sqrt{1 + \left(\frac{\mathrm{d}y}{\mathrm{d}x}\right)^2} \right) \mathrm{d}x \qquad (2-18)$$

其对应的绳长约束为

$$\int_A^B \left(\sqrt{1 + \left(\frac{\mathrm{d}y}{\mathrm{d}x}\right)^2} \right) \mathrm{d}x = L \qquad (2-19)$$

由牵引绳系组成的索并联驱动系统受广义力平衡方程约束，且各绳索的长度和张力并不独立。为了保证绳索不虚牵，其张力必须要大于一定的张力下限；但受驱动系统功率的限制，其张力必然小于一定的张力上限。同时，牵引绳系实际上属于冗余约束系统，在工作空间中绳索张力的解并不唯一。为了确保快速随动平台的位置、姿态可控，并且各绳索之间张力差异尽量小，需要对绳索张力进行优化控制。根据对快速随动平台出绳点的不同，可采用分类最小方差优化法作为索并联驱动系统的张力优化策略。在控制绳索张力的基础上，关键问题是协调控制牵引绳系所有绳索的长度。为了保证绳索长度的控制设定准确，可在快速随动平台所需运动的空间中设置空间网络点，利用全站仪等精测手段对每个网格点对应的控制位置和各绳索长度进行精确标定[8]。

2.3.2　试验方法

如上文所述，利用悬吊试验法可以实现探测器在地外天体着陆与起飞过程中低重力模拟条件下的大范围运动验证。其试验方法的核心问题是如何保证吊绳在整个验证过程中处于垂直状态，即吊绳与垂直方向的偏角足够小。为了满足吊绳偏角要求，采取分级随动方式，需要建造专用的试验塔架和随动系统，以实现所需牵引绳系及吊绳的快速随动。

图 2-17 所示为我国地外天体着陆综合试验场（位于河北省怀来县）的低重力模拟试验设施。该设施即采用悬吊试验法进行探测器低重力模拟试验。为实现多自由度、长行程、大惯量机电系统的高速度、快响应、高精度控制，解决行程长与精度高、惯量大与响应快等相互制约问题，试验设施采用"由粗到精"逐级驱动控制的方案。

用于实现牵引绳系和吊绳运动的三维随动系统由索并联驱动系统和快速随动系统组成。其中，索并联驱动系统实现牵引绳系功能，由多组钢丝绳及其驱动装置组成，以完成随动平台大范围的移动和跟踪。快速随动系统又包括水平装置和拉力调节装置，其中水平装置负责吊绳位置跟踪的精确控制，保证吊绳始终对着陆探测器施加基本垂直的拉力；拉力调节装置负责所需拉力的精确控制。快速随动平台及其与牵引绳系的连接如图 2-18 所示。

图 2-17　低重力模拟试验设施

图 2-18　快速随动平台及其牵引绳系的连接

除了吊绳的拉力及水平位置随动外，吊绳与探测器的连接也必须注意，吊绳需通过万向吊具与探测器连接，以保证探测器姿态运动的自由度。如图 2-19 所示，万向吊具可采用由上下横杆和摆杆组成的平行四边形结构。上下横杆与摆杆间、下横杆与探测器间均通过转动副连接，以提供探测器绕 Y 轴和 Z 轴的转动自由度；上横杆可绕其对称轴转动，以提供探测器绕 X 轴的转动自由度。万向吊具的安装需保证吊绳拉力作用在探测器的质心上。

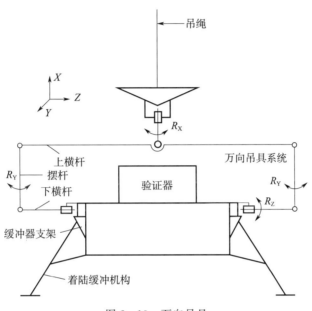

图 2-19　万向吊具

悬吊试验法涉及试验模式的转换问题。例如，对于着陆试验，首先利用塔架将探测器起吊至一定高度，此过程中试验设施为主动模式，通过吊绳及姿态锁紧装置连接并固定探测器，以携带探测器按照指定规律运动；在开始真实的着陆工况试验后，低重力试验设施需要转换为随动模式，吊绳由主动模式的拉力调整并控制为特定的拉力，以确保实现探测器低重力模拟；在探测器下降过程中，吊绳除了拉力控制外，还需进行水平位置的随动，而随着探测器下降高度及吊绳长度的变化，牵引绳系要确保驱动快速随动平台始终跟随探测器的运动，直至试验结束。起飞试验与着陆试验类似，低重力模拟设施也需进行试验模式转换，只是随动平台需向上方运动。

采用分级随动的方式实现悬吊试验法技术难度很大，控制复杂，如果试验所需高度较低，试验速度较慢，则也可以采用单根吊绳的一级随动方式。20 世纪 60 年代，美国阿波罗登月工程所开展的月球着陆器最终着陆段下降试验即为这种方式。如图 2-20 所示，美国兰利研究中心的月球着陆试验设施即采用吊绳一级随动方案，试验设施通过吊绳对模拟月球着陆器施加 5/6 的重力以模拟月面重力环境，着陆器运动过程中，试验设施使得吊绳跟随着陆探测器水平运动，从而维持吊绳的垂直度。但该设施随动速度和控制精度相对较低，如最大水平速度为 2 m/s、拉力控制精度为 1 kN、水平干扰力为 0.5 kN[9]。

图 2-20　美国兰利研究中心的月球着陆试验设施

2.4　其他低重力模拟试验技术

2.4.1　失重试验法

如果所需模拟的重力非常低，要达到 $10^{-3}g$ 甚至更低的微重力效果，可采用失重试验法。失重试验法的基本原理是利用物体加速或减速运动所产生的惯性力与重力抵消，从而得到所需的失重状态。常规的失重试验法主要有落塔和失重飞行试验法[10]。

（1）落塔试验法

落塔试验是通过在微重力塔中执行自由落体运动，从而产生微重力环境的一种方法。其优点是试验费用低，时间选择基本不受限制，试验重复性好，微重力水平高且初始条件易于保证；但是落塔试验受到降落高度的限制，失重时间一般比较短，导致其应用有一定的局限性。

在落塔试验中，下落的试验舱一般由内舱和外舱组成，内舱中装有参试设备。试验时，内舱在外舱内真空环境中随外舱一起自由下落，为了确保外舱基本只受重力作用，需通过气动外形设计或采用助推装置以尽量克服空气阻力的影响。外舱受到重力加速度作用，而内舱与外舱之间没有作用力，从而内舱相对外舱的参考系有惯性力，内舱所受的惯性力与自身重力抵消后，相对于外舱即为零重力的效果。

利用落塔试验可以达到 $10^{-5}g$ 的微重力水平，但试验持续时间一般不超 10 s。目前，国际上美、德、日等国均建设了微重力试验落塔（井），其中日本的微重力中心落塔总深达到 710 m、下落距离 490 m，为世界之最，可提供 10 s 微重力时间，微重力水平为 $10^{-5}g$，减速过载小于 $10g$。我国也建设有数座微重力试验落塔，其中国家微重力实验室的百米落塔总高 116 m，自由下落高度 60 m，能实现优于 $10^{-5}g$ 的微重力水平，试验时间为 3.6 s，减速过载峰值约 $12g$。

　　国家微重力实验室百米落塔设施由实验舱组件、减速回收系统、释放系统、控制系统、测量系统及辅助设施组成。实验舱为内外舱间抽真空的双层套舱结构［图 2 - 21 (a) ］，内舱中装有实验装置。实验时，内舱在外舱内的真空环境中随外舱一起自由下落，内外舱间相对速度小于 1 m/s。减速回收系统使用的是我国独特的弹性可控减速回收装置［图 2 - 21 (b) ］，确保实验舱安全回收。释放系统采用电磁释放装置，利用非机械连接式的电磁吸/放原理，避免了释放过程中释放机构对实验舱的初始干扰[11,12]。

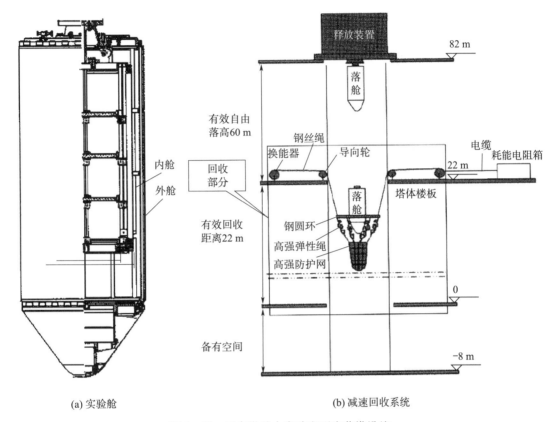

(a) 实验舱　　　　　　　　　　　　(b) 减速回收系统

图 2 - 21　国家微重力实验室百米落塔设施

（2）失重飞行法

　　利用探空火箭或飞机可以实现短时间的微重力或低重力环境。采用探空火箭，以较大的发射角发射火箭，箭头部分通常作为试验载荷舱。与箭体分离后，载荷舱以惯性继续飞行，达到大气非常稀薄的高度区域时，载荷舱内开始处于微重力状态，直至到达弹道顶点并下降至一定高度后结束。整个飞行过程中可通过专门的飞行控制系统控制飞行姿态和角速度，以克服空气阻力和载荷舱转动对实验的影响。利用探空火箭可以获得数分钟的微重力试验环境，微重力水平可达到 $10^{-5}g \sim 10^{-3}g$[13]。

　　利用失重飞机，通过使飞机进行抛物线飞行，使得随飞机一起运动的试验装置在加速或减速运动过程中的惯性力与重力抵消，从而相对飞机实现微重力的效果。失重飞机法实现的微重力水平一般能达到 $10^{-3}g \sim 10^{-2}g$，时间在 20～30 s。失重飞机法也可以创造出模拟月球、火星等地外天体的低重力试验条件。典型的飞机失重抛物线飞行过程如图 2 - 22 所示，从飞机的平飞加速开始，跃升拉起并进入失重抛物线轨迹飞行，随后俯冲拉起改出，最终进入平飞结束。

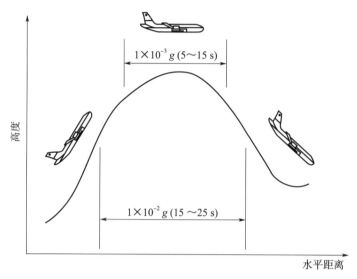

$$1 \times 10^{-3}\, g\, (5 \sim 15\ \text{s})$$

$$1 \times 10^{-2}\, g\, (15 \sim 25\ \text{s})$$

高度

水平距离

图 2 - 22　飞机失重抛物线飞行过程

失重飞机相比探空火箭及返回式卫星、空间站等在轨试验平台而言，具有时间窗口灵活、研制周期短、飞行频次高、试验可多次重复等突出优点，且飞行成本和维护成本相对较低。

但是，失重飞机能提供的失重时间仍然很短，微重力水平不高。另外，飞机飞行过程中容易受气流、天气的影响，且飞机自身可能会出现抖动，影响试验效果。此外，基于失重飞机的飞行特点，其提供的是正常重力—超重—失重—超重—正常重力的周期性变重力环境，某些特定的微重力试验不易进行。

国际上许多国家，包括美国、俄罗斯、法国、加拿大、日本等均改装了失重飞机用于开展微重力试验，其中常用的有美国的 KC - 135A、俄罗斯的 IL - 76、法国的 A300 和日本的 MU300 等。我国在 20 世纪 70 年代曾研制改装过一架歼-5 失重飞机，这也是国际上第 3 架失重飞机，该飞机曾经完成了许多科学试验论证，并在随后的航天员选拔时发挥了作用[14]。目前，我国仍利用失重飞机开展一些地外天体探测所需的微重力试验，取得了良好的效果。

2.4.2　浮力平衡法

为了实现低重力乃至微重力的模拟，还可以采用浮力平衡法，即通过液体或气体浮力抵消位于其中的试验物的全部或部分重力，以实现所需的特定重力条件。

模拟在轨失重环境时，使用较多的液体是水，常称为水浮法。水浮法主要利用水的浮力来平衡航天器结构及航天员自身的重力，通过精确调整配重或漂浮器的浮力，使试验物体各活动部位达到重心与浮心重合状态，确保试验物体所受的向上水浮力与向下重力平衡，从而产生随遇平衡的漂浮状态[15]。

水浮法常用于航天员的训练。俄罗斯的加加林航天员培训中心建立了水中实验室，用于模拟太空中的失重环境。该实验室为一个深 12 m、直径 23 m 的圆形水池，在水中毫无支撑的重力环境下，接受训练的航天员可以完成各种太空模拟作业。NASA 建设有航天员训练用的中性浮力水槽，位于林登·约翰逊航天中心附近的桑尼卡特，水池大小为 62 m×31 m×12 m（深）。

除了用于航天员训练外，水浮法还常用于航天器机构的试验。目前，各个航天大国都有自己的空间机构水浮试验系统，其中较具代表性的是由马里兰大学研制的 Ranger 试验系统。此外，中国科学院智能机械研究所也研制了水浮式的微重力模拟系统。

水浮法的优点为可以实现三维空间的微重力试验，且试验时间不受限制。但其缺点为容易受水的阻力和紊流的影响，从而降低航天器的模拟精度；另外，航天器原型样机不能直接放入水中，须做专门的防水处理，且要求试验期间保持密封性非常好。

与水浮法类似，对于大型的空间充气展开结构而言，可以采用充入低密度气体来开展微重力模拟试验，可称其为气浮法。在气浮法试验中，空间充气展开结构充入低密度气体（如氦气），利用氦气与周围空气的密度差所产生的浮力来平衡整个结构的重力。

2.4.3　悬浮试验法

为了实现微重力的模拟，还可采用悬浮试验法，即利用压缩空气使物体浮起，通过压缩空气的支撑力抵消物体重力。目前，悬浮试验法主要是利用气浮台来实施。气浮台有多种类型，三自由度气浮平台是在高精度水平平面上通过气垫浮起，能进行二自由度水平平动和一自由度转动的试验台；气浮转台是采用气浮轴承，可实现绕单轴或三个轴姿态运动的单自由度或三自由度的试验台；组合式气浮台结合平面运动与绕轴旋转功能，从而具有更多的自由度，如采用平面气浮轴承提供两个平动自由度、采用球面气浮轴承提供三个旋转自由度而形成的五自由度气浮台（图 2-23）、采用三轴气浮转台与线性轨道运动结合的四自由度气浮台、采用大平面光滑水平平台与多个三轴气浮转台组合成的编队卫星气浮台试验系统（图 2-24）等[16-18]。

气浮台的研制与卫星的研制几乎同步开始，据公开文献记载，最早的气浮台是 1959 年由美国 Army Ballistic Missile Agency 研制的。从 20 世纪 50 年代末到 60 年代，美国各研究单位先后建起的各种气浮台不下 20 个，随后原西德宇航研究院、欧洲空间局荷兰仿真中心和日本也相继建立了各种气浮台装置。我国的北京控制工程研究所、哈尔滨工业大学、西北工业大学、国防科技大学等单位也自行研发或引进过气浮台装置。目前国内外已经开发出多种高稳定性的三自由度、四自由度、五自由度及六自由度的气浮台系统，主要用于航天器的姿态控制仿真、编队飞行控制仿真、交会对接模拟验证等方面。

以某空间机器人气浮台模拟试验为例，如图 2-25 所示，采用气浮台系统试验方案。由大平台所在平面模拟空间机器人运行的轨道面；由大平台上的小气浮台模拟空间机器人

图 2-23　哈尔滨工业大学的五自由度气浮台

1—平面气浮轴承；2—高压气瓶；3—机械限位；4—电源模块；5—高压减压阀；6—冷气喷嘴；7—缓冲罐；

8—控制计算机；9—陀螺仪；10—低压减压阀；11—球面气浮轴承；12—配平质量块；

13—截止阀；14—大理石台

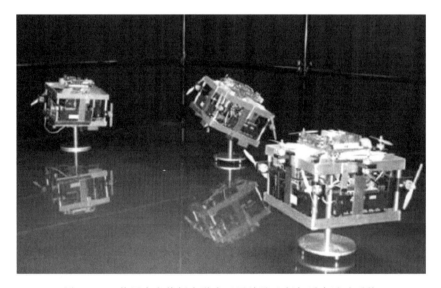

图 2-24　英国南安普顿大学小卫星编队飞行气浮台试验系统

和空间操作对象，称为模拟星。模拟星在气足的支撑下，与气浮大平台间形成约 20 μm 的气膜，从而保证模拟星在平面上的近似无阻力运动。在模拟星上分别配备空间机器人和抓取目标的控制系统。模拟星具有 3 个自由度，能够模拟航天器在轨道面内的平动和绕轨道面法线的转动。为了补偿机械臂所受的重力影响，在机械臂的关节下部也用气足支撑[19]。

　　利用气浮台的悬浮试验方法的优点是控制精度高，易于实现及维护。通过设计轴承的大小，能够实现高达几吨的飞行器微重力模拟试验，且试验时间基本不受限制；通过更换接口部件即可实现重复利用，可靠性及鲁棒性高，适应性强，对飞行器的结构没有太多限制。其缺点是部分自由度对应的运动行程有限，试验的速度需限制在一定范围内。

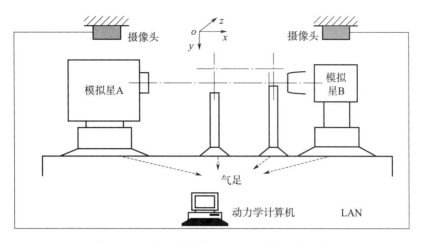

图 2 - 25　某空间机器人气浮台模拟试验方案

2.4.4　配重平衡法

为了对地外天体着陆探测器的着陆缓冲技术及其他关键技术进行原理验证和研究,可以采用比较简单易行的配重平衡法开展相关试验。顾名思义,配重平衡法是通过一定的配重来平衡试验模型一定的重力,使得试验模型以一定的低重力加速度下降,从而模拟探测器在地外天体着陆时的实际效果。

配重平衡法一般采用滑轮平衡方式开展。以模拟月面 $1/6g$ 重力条件为例,如图 2 - 26 所示,m 为试验模型质量,m_1 为配重质量,m_2 为滑轮质量。在不考虑滑轮摩擦、转动惯量等影响的情况下,为了实现试验模型的 $1/6g$ 下降加速度,所需配重的质量为 $5/7m$。当考虑滑轮转动惯量的影响后,所需配重块质量按式(2 - 20)计算[20]:

$$m_1 = \frac{5}{7}m - \frac{1}{7}m_2 \qquad\qquad (2-20)$$

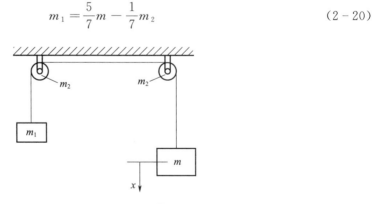

图 2 - 26　利用滑轮平衡的落体试验法

当进一步考虑滑轮的摩擦时,则计算配重质量更为复杂,还需综合考虑滑轮尺寸、摩擦参数等因素,最终无法得到解析解,需通过方程解算及试验摸索来确定配重质量。

由于配重平衡法一般只能模拟探测器在地外天体重力环境下垂直方向的运动,难以实现水平运动的模拟,因此该方法一般仅用于原理性的研究。

参 考 文 献

［1］ 陈金宝，万峻麟，成玫，等. 深空探测着陆器着陆冲击动力学相似技术研究 ［J］. 振动工程学报，2015，28（6）：871 - 878.

［2］ BLANCHARD U J. Characteristics of a lunar landing configuration having various multiple - leg landing - gear arrangements ［R］. NASA TN D - 2027，1964.

［3］ BLANCHARD U J. Evaluation of a full - scale lunar - gravity simulator by comparison of landing - impact tests of a full - scale and a 1/6 - scale model ［R］. NASA TN D - 4474，1968.

［4］ BLANCHARD U J. Model investigation of technique for conducting full - scale landing - impact tests at simulated lunar gravity ［R］. NASA TN D - 2586，1965.

［5］ 曾福明，杨建中，满剑锋，等. 月球着陆器着陆缓冲机构设计方法研究 ［J］. 航天器工程，2011，20（2）：46 - 51.

［6］ 徐柏松. 低重力模拟系统的设计 ［D］. 哈尔滨：哈尔滨工业大学，2015.

［7］ 蒋银飞. 悬吊式低重力模拟系统研究 ［D］. 成都：电子科技大学，2017.

［8］ 陈强，董强，黄科，等. 低重力模拟试验平台索并联驱动系统张力优化策略 ［J］. 航天返回与遥感，2020，41（6）：66 - 76.

［9］ O'BRYAN T C，HEWES D E. Operational features of the lanley lunar landing research facility ［R］. NASA TN D - 3828，1967.

［10］ 朱战霞，袁建平. 航天器操作的微重力环境构建 ［M］. 北京：中国宇航出版社，2013.

［11］ 张孝谦，袁龙根，吴文东，等. 国家微重力实验室百米落塔实验设施的几项关键技术 ［J］. 中国科学（E辑）：工程科学 材料科学，2005（5）：523 - 534.

［12］ 夏成明，董威，王思明，等. 微重力落塔电磁悬吊、释放技术研究 ［J］. 航天器环境工程，2006，23（3）：143 - 145，154.

［13］ 贾洲侠，王梦魁，李海波，等. 航天飞行器微重力试验技术综述 ［J］. 强度与环境，2019，46（5）：7 - 17.

［14］ 屈斌，王启，王海平，等. 失重飞机飞行方法研究 ［J］. 飞行力学，2007，25（2）：65 - 67.

［15］ 姚燕生，梅涛. 空间操作的地面模拟方法：水浮法 ［J］. 机械工程学报，2008，44（3）：182 - 188.

［16］ 张新邦，曾海波，张锦江，等. 航天器全物理仿真技术 ［J］. 航天控制，2015，33（5）：72 - 78.

［17］ 许剑，杨庆俊，包钢，等. 多自由度气浮仿真试验台的研究与发展 ［J］. 航天控制，2009，27（6）：96 - 101.

［18］ 郑永洁，张笃周，谌颖. 空间机器人气浮式物理仿真系统有效性研究 ［J］. 空间控制技术与应用，2010，36（6）：33 - 38，46.

［19］ 李泽辉. 气浮台系统关键控制技术研究与实现 ［D］. 哈尔滨：哈尔滨工业大学，2016.

［20］ 王少纯，邓宗权，胡明，等. 一种模拟月球着陆器低重力着陆试验方法 ［J］. 上海交通大学学报，2005，39（6）：989 - 992.

第 3 章　地外天体表面特性模拟技术

3.1　表面介质物理力学性能模拟技术

为了获取着陆探测器关键部位和关键设备在月球、火星等地外天体软着陆过程中的力学响应，并验证不同着陆速度、着陆姿态情况下探测器着陆缓冲过程中与地外天体表面介质的相互作用，需要对探测器在模拟的着陆面上开展着陆缓冲、着陆稳定性等试验验证。此外，着陆面需要能够模拟地外天体表面介质的物理力学性能。

3.1.1　地外天体表面介质的物理力学性能

（1）月壤的物理力学性能

月壤一般指月球表面粒径小于 1 cm 的细颗粒，其主要由月岩被陨石或微陨石撞击、宇宙射线和太阳风粒子的冲击及月岩热胀冷缩而破碎于月球表面形成的岩石碎屑、粉末、角砾等混合物[1]。国际上，美国基于阿波罗载人登月工程，共带回约 381 kg 月球样品，图 3-1 展示了美国"阿波罗 11 号""阿波罗 16 号"飞船采集的月壤样品。苏联的月球 16 号、20 号和 24 号无人探测器共取回了约 321 g 月壤和岩心样本。2020 年 12 月 1 日，中国"嫦娥五号"探测器平稳降落月球，开展了月球采样工作，并于 2020 年 12 月 17 日携带 1 731 g 月球样品成功返回地面。图 3-2 展示了工作人员从"嫦娥五号"返回器取出月壤样品。

(a) "阿波罗11号"采集的月壤样品　　　　(b) "阿波罗16号"采集的月壤样品

图 3-1　美国阿波罗飞船采集的月壤样品

1）月壤的基本物理性质参数：包括颗粒的粒径分布、颗粒比重、颗粒形态、密度、孔隙比与孔隙率等参数。

图 3-2　工作人员取出"嫦娥五号"返回器携带的月壤样品

①颗粒的粒径分布：月壤颗粒的粒径分布较广，美国"阿波罗 11 号""阿波罗 15 号"月壤样本的中值粒径在 $40 \sim 130\ \mu m$，而"阿波罗 14 号"月壤样本的中值粒径在 $75 \sim 802\ \mu m$。月壤平均粒径随深度的增加而有所增加。图 3-3 展示了美国"阿波罗 14 号""阿波罗 15 号"月壤样品的粒径分布曲线，其中 w_t 为小于某粒径的颗粒质量分数，d 为颗粒粒径。

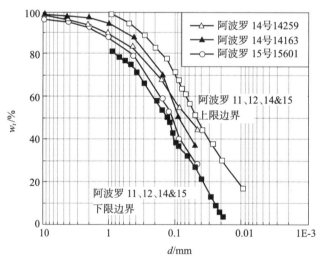

图 3-3　美国阿波罗飞船采集月壤样品的粒径分布曲线

②颗粒比重：月壤的颗粒比重与不同颗粒的类型（玄武岩、矿物碎片、角砾岩、胶结物等）有关，颗粒比重一般在 $2.3 \sim 3.2$，绝大部分在 2.9 以上，明显高于地球土壤的颗粒比重。

③颗粒形态：月壤的颗粒形态呈现非均质、形状高度不规则的特点，多呈现为长条状、次棱角状、凹角状、圆球状、椭球状等形态。单个颗粒内部存在大量的半封闭或封闭气孔，颗粒表面还含有较多高钛含量的小球。

④月壤密度：在没有遭到破坏的自然月壤结构条件下，采取体积一定的样品称量，计算单位体积内的月壤质量。月壤的平均密度 ρ（单位：g/cm^3）随深度 z（单位：cm）的增加而有所增加，通常采用双曲线函数关系式或指数函数关系式来表示，如式（3-1）和式（3-2）所示：

$$\rho = 1.92 \times \frac{(z+12.2)}{(z+18)} \text{（双曲线关系）} \tag{3-1}$$

$$\rho = 1.92 \times z^{0.056} \text{（指数关系）} \tag{3-2}$$

⑤孔隙比与孔隙率：天然状态下，月壤的孔隙比与孔隙率是评价月壤密实程度的重要指标。孔隙比 e 是月壤中孔隙体积与颗粒体积之比，用小数表示；孔隙率 n 是月壤中孔隙所占体积与总体积之比，用百分数表示。一般而言，$e < 0.6$ 的月壤是密实的低压缩性月壤，$e > 1.0$ 的月壤是疏松的高压缩性月壤。表 3-1 给出了不同深度天然状态下月壤平均孔隙率和孔隙比的最佳估计值[2]。

表 3-1　不同深度天然状态下月壤平均孔隙率和孔隙比的最佳估计值

深度/cm	平均孔隙比 e	平均孔隙率 n/%
0~15	1.07±0.07	52±2
0~30	0.96±0.07	49±2
30~60	0.78±0.07	44±2
0~60	0.87±0.07	46±2

2）月壤的基本力学性质参数：包括压缩性、抗剪性与承载性等。

①压缩性：月壤在压力作用下体积缩小的特性称为压缩性。试验研究表明，在一般压力（100~600 kPa）作用下，月壤颗粒体积的压缩量远远小于月壤体积的总压缩量，因此将月壤的压缩视作月壤颗粒位置调整与重新排列所导致的孔隙体积减少。静态压力条件下，不同孔隙比月壤样品的平均压缩系数如表 3-2 所示。

表 3-2　不同孔隙比月壤样品的平均压缩系数

月壤参数	孔隙比 e			
	>1.3	1.3~1.0	1.0~0.9	<0.9
压缩系数/MPa^{-1}	>40	20	8	<3

②抗剪性与承载性：月壤颗粒间的连接强度远小于颗粒本身的强度，故在外力作用下颗粒之间发生相互错动，从而引起月壤内部一部分相对另一部分产生滑动。月壤颗粒抵抗这种滑动的能力称为抗剪性，由内摩擦角 ϕ 和内聚力 c 两个指标决定。内摩擦角 ϕ 的大小体现了月壤颗粒间摩擦力的强弱，内聚力 c 的大小体现了月壤颗粒间黏结力的强弱。月壤的内聚力远小于地球上各黏性土或无黏性土的内聚力。月壤的内摩擦角在 30°~55°范围

内，高于地球上砂土的内摩擦角（一般为 $25°\sim40°$）。月球表面不同位置的月壤具有不同的孔隙比，孔隙比的差异导致月壤抗剪性与承载性不同。表 3-3 展示了月球表面不同位置、不同孔隙比下的内聚力、内摩擦角、承载力的变化规律[2-10]。

表 3-3　月球表面不同位置、不同孔隙比下内聚力、内摩擦角、承载力的变化规律

月壤参数	孔隙比 e				
	>1.3	1.3~1.0	1.0~0.9	0.9~0.8	<0.8
内聚力/kPa	<1.3	1.3~2.2	2.2~2.7	2.7~3.4	>3.4
内摩擦角/(°)	<10	10~18	18~22	22~27	>27
承载力/kPa	<7	7~25	25~36	36~55	>55
月球表面典型位置	孤立的细颗粒物质层	小型撞击坑边缘陡坡处	强烈侵蚀撞击坑	撞击坑交叠区域	薄层月壤、孤立石块

（2）火星表面土壤的物理力学性能

火星表面与月球表面类似，都大量覆盖着由砂质土壤构成的风化层。火星土壤由红色颗粒、角砾碎屑物组成，其化学成分主要包括 O（约 50%）、Si（约 $15\%\sim30\%$）、Fe（约 $15\%\sim16\%$）、Al（约 $2\%\sim7\%$）、Ca（约 $3\%\sim8\%$）等，其中含 O 和 Fe 含量比较高，科学家推测火星过去曾经有较为丰富的水存在。火星上还有大量的岩石，主要有沉积岩、火山岩和变质岩三大类。其中，火山岩是构成火星壳的重要组成部分，几乎覆盖了整个火星表层。火山岩以安山岩和玄武岩为主[11]。

目前，人类已多次对火星进行着陆与巡视探测，这些探测活动获得了大量的火星土壤物理力学性能数据，如密度、内聚力、内摩擦角等基本物理力学参数等[12,13]。表 3-4 所示是部分火星探测活动中所获得的火星表面土壤典型物理力学性能原位测试数据。

表 3-4　火星表面土壤典型物理力学性能原位测试数据

火星土壤	密度/(g/cm³)	内聚力/kPa	内摩擦角/(°)
"海盗 1 号"火壤堆积物	1.15±0.15	1.6±1.2	18±2.4
"海盗 1 号"块状土	1.6±0.4	5.1±2.7	30.8±2.4
"海盗 2 号"壳状-土块状物质	1.4±0.2	1.1±0.8	34.5±4.7
"探路者号"火壤堆积物	1.285~1.518	0.21	34.3
"勇气号"探测火壤	1.63	5.2	30~47
"机遇号"探测火壤	1.63	4.7~5.6	30~47
"凤凰号"探测火壤	1.235	0.2~1.2	38

3.1.2　表面介质物理力学性能模拟技术

（1）模拟月壤

由于月壤极为珍贵，人类开展月球探测活动以来，取样返回的月壤总质量不超过 400 kg。因此，根据月壤的物理力学性能开展模拟月壤的技术研究十分必要。

目前国际上模拟月壤技术主要有美国根据"阿波罗 14 号"飞船采集月壤样品研制的 JSC‐1（Johnson Space Center）、根据"阿波罗 11 号"飞船采集月壤样品研制的 MLS‐1（Minnesota Lunar Simulant），日本根据"阿波罗 14 号"飞船采集月壤样品研制的 FJK‐1（John F. Kennec）等；国内应用的模拟月壤主要包括北京空间机电研究所联合同济大学为我国探月二期工程研制的千吨级模拟月壤 TJ‐1、中国科学院地球化学研究所研制的 CAS‐1、中国科学院国家天文台研制的 NAO‐1，以及吉林大学为月面车辆力学试验研究研制的模拟月壤等。

国内模拟月壤的原材料主要取自吉林靖宇的火山灰和河北灵寿的金刚砂。原始火山灰棱角明显，粒径较大且不均匀（平均粒径约为 6mm），密度小且不易压实（在密实状态下，干密度为 0.65～0.80 g/cm³，小于水的密度），天然含水率较大（为 14%～22%）。火山灰颗粒中有大量肉眼可见的孔隙，不能直接作为月壤的模拟材料，需要先对其进行粉碎、过筛。金刚砂的颗粒形状多为六面体、棱柱状等，棱角比较分明，具有较大的摩擦角，可弥补靖宇火山灰摩擦角偏小的缺陷；另外，金刚砂的粒径分布可以控制，其颗粒比重比火山灰偏大，所以选择合适的比例混合后可以改善火山灰颗粒比重偏小的不足。

颗粒细观结构的相似性是配制模拟月壤时需要考虑的一个重要控制指标。图 3‐4 是 TJ‐1 模拟月壤颗粒实物。由图 3‐4 可知：模拟月壤的颗粒细观结构与月壤颗粒类似，具有明显的棱角、凹角等不规则结构，颗粒表面粗糙且内部具有孔洞，主要颗粒形状有椭球状、长条状、次棱角状等。

图 3‐4　TJ‐1 模拟月壤颗粒实物

颗粒的粒径分布是影响月壤、模拟月壤的物理力学性质的重要参数之一，也是配制模拟月壤过程中的一个主要控制指标。模拟月壤的粒径分布应位于真实月壤粒径分布的上限与下限之间。图 3-5 给出了 TJ-1 模拟月壤的级配曲线与月壤颗粒粒径分布范围的关系[14]。

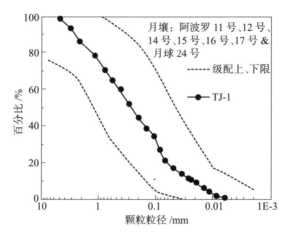

图 3-5　TJ-1 模拟月壤的级配曲线同月壤颗粒粒径分布范围的关系

　　我国探月二期工程探测器组合缓冲试验用到的 TJ-1 模拟月壤突破了千吨级模拟月壤制备及大规模试验床铺设技术，该模拟月壤采用 7 种粒径的颗粒按照特定的比例进行级配制作而成。

　　除了颗粒细观结构相似性、粒径分布之外，颗粒比重、密度、孔隙比、含水率也是衡量模拟月壤物理性质的技术指标。TJ-1 模拟月壤根据真实月壤的物理特性，基于岩土力学宏微观试验和本构模型分析方法，实现了对月壤物理性能的高精度模拟，成功用于我国月球探测工程探测器组合缓冲试验。表 3-5 给出了 TJ-1 千吨级模拟月壤与真实月壤的物理性能参数对比。

表 3-5　TJ-1 千吨级模拟月壤与真实月壤的物理性能参数对比

样本	密度/(g/cm³)	颗粒比重	中值粒径/μm	孔隙比	含水率/%
我国探月工程 TJ-1 模拟月壤	1.36～1.65	2.72	260～290	0.90～1.00	＜2
"阿波罗 11 号"月壤样品	1.36～1.80	3.01	48～105	0.67～1.21	0
"阿波罗 14 号"月壤样品	0.89～1.55	2.90	75～802	0.87～2.26	0
"阿波罗 15 号"月壤样品	1.10～1.89	3.24	51～108	0.71～1.94	0
月球 16 号月壤样品	1.115～1.793	3.0	85	0.67～1.69	0
月球 20 号月壤样品	1.041～1.798	3.0	77	0.67～1.88	0

　　模拟月壤的力学性能主要包括压缩性、抗剪强度特性和承载性。其中，压缩性是研究模拟月壤变形性能的主要依据，也是配置模拟月壤过程中的一个主要控制指标。模拟月壤的压缩性一般通过压缩试验获取，用压缩系数表征。抗剪强度特性是指模拟月壤抵抗极限破坏的能力，也是模拟月壤配置时的重要指标之一。模拟月壤的抗剪强度特性一般通过静力三轴试验获取，用内聚力、内摩擦角这两个参数进行表征。模拟月壤的承载性一般通过

承载力进行表征。表 3-6 给出了我国探月工程中用到的 TJ-1 千吨级模拟月壤与真实月壤的力学性能参数对比。

表 3-6　TJ-1 千吨级模拟月壤与真实月壤的力学性能参数对比

样本	压缩系数/MPa^{-1}	内聚力/kPa	内摩擦角/(°)	承载力/kPa
我国探月工程 TJ-1 模拟月壤	0.01~0.30	0.74~1.10	44~47	25~36(孔隙比 0.9~1.0)
美国"阿波罗 12 号" 真实月壤	0.01~0.11(孔隙比 0.684); 0.3(孔隙比 0.854)	0.60~0.80 (贯入试验)	38~44 (贯入试验)	22~27(孔隙比 0.8~0.9); 18~22(孔隙比 0.9~1.0)

图 3-6 展示了月球探测器在模拟月壤试验床上开展组合缓冲试验时,缓冲足垫与模拟月壤接触时的实际情况。我国突破了模拟月壤实验室小批量制备的限制,完成了千吨级模拟月壤的大规模制备和模拟月壤试验床的铺设,实现了 19.2 m×18.2 m 大面积月球表面物理力学性能的高精度模拟,为我国月球探测工程的顺利开展提供了坚实的基础保障。

图 3-6　月球探测器在模拟月壤试验床上开展组合缓冲试验时
缓冲足垫与模拟月壤接触时的实际情况

(2) 模拟火壤

由于目前国内外尚未开展针对火星的取样返回探测,没有真实的火星土壤返回地球,因此各研究机构和学者主要基于火星探测器着陆后原位探测时所获取的火星土壤数据,以及基于对火星环绕遥感探测所获取的数据来研制模拟火壤。这些模拟火壤可分为科学研究用模拟火壤和工程试验用模拟火壤。其中,科学研究用模拟火壤主要是保证物质组成和化学成分与真实火壤尽可能相似,以开展光谱特性、天体生物学及原位资源利用等科学研究工作;工程试验用模拟火壤考虑的主要因素是实现火星土壤的物理力学性能的模拟,如颗粒形态、粒径级配、密度、含水率、内聚力、内摩擦角等参数,以用于火星探测器的各类工程试验验证。国内外主要工程试验用模拟火壤如表 3-7 所示[15-17],表中列出了模拟火壤的密度、内聚力和内摩擦角(注:由于部分参数缺乏公开数据,故未填入)。

表 3-7 国内外主要工程试验用模拟火壤

模拟火壤	密度/(g/cm³)	内聚力/kPa	内摩擦角/(°)
MER Yard317	1.43	1.49	47.9~53.3
Mars Yard	1.62	0.93	35.1~37.2
JSCM-1	0.87	1.91	47
MMS I	1.384	0.81	38
MMS II	1.341	1.96	39
ES-1 低密度	—	1.33	29.48
ES-1 中密度	—	1.50	29.85
ES-1 高密度	—	3.9	32.32
ES-2 低密度	—	-0.24	38.16
ES-2 中密度	—	0.64	38.33
ES-2 高密度	—	-0.82	41.43
ES-3 低密度	—	0.26	35.76
ES-3 中密度	—	0.25	37.60
ES-3 高密度	—	1.37	34.31
DLR-A	—	0.18	24.8
DLR-B	—	0.441	17.8
JMSS-1	1.45	0.33	40.6
SSC-1	1.615~1.708	616~644	39.44~43.97
SSC-2	2.227~2.384	1 021~2 246	41.93~43.34
JLU Mars	0.95~1.12	≤1.4	37~52
TJ-M1	1.38	0.45	37.1

表 3-7 中，JLU Mars 系列模拟火壤由吉林大学研制，包括多种不同粒径分布，主要用于测试不同粒径条件下火星巡视探测器的移动性、通过性、试验和验证轮壤相互作用，用于开展着陆器冲击试验。JLU Mars 系列模拟火壤原材料采用吉林省靖宇县双山火山的火山渣，经过烘干、机械破碎和筛分，根据设计的粒径分布曲线将不同粒度的半成品混合成不同类型的模拟火壤。

TJ-M1 模拟火壤由北京空间机电研究所和天津大学联合研制，以原有 TJ-1 模拟月壤为基础进行改制，用于火星探测器着陆冲击试验、悬停避障缓速下降及触火试验[18]。TJ-M1 模拟火壤的主要研制步骤如下：①筛分得到 7 种粒径的火山灰试样，根据 TJ-1 模拟月壤的研制经验开展模拟火壤试样的试配工作，得到多组不同级配的火山灰试样；②进行相应的直剪试验，与目标值对比，若有偏差，则根据经验添加或减少某种或某几种粒径的含量；③再进行直剪试验，直至达到目标级配 TJ-M1 模拟火壤，而后进行颗粒级配的确定工作；④进行单向压缩试验，确定压缩性能。TJ-M1 模拟火壤的颗粒级配曲线如图 3-7 所示。

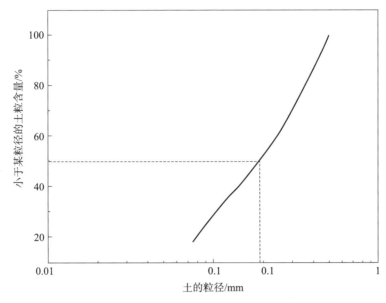

图 3 - 7 TJ - M1 模拟火壤的颗粒级配曲线

3.2 表面形貌模拟技术

地形地貌分布是地外天体表面的一项重要特性。探测器要安全降落在地外天体表面，需要选择适合的形貌条件，如尽量平坦的区域，避开大的石块、坑洞等。为了对探测器在地外天体表面的避障、着陆等性能进行充分的试验验证，有必要对地外天体的表面形貌进行模拟。

3.2.1 地外天体的典型表面形貌

（1）月球的典型表面形貌

真实的月球表面分布着大小不一的撞击坑和石块，地势崎岖不平，具有月坑、月石、月坡等形貌特征。探测器需要在上述月球表面形貌特征下完成软着陆及月球表面取样后起飞返回地球。月球表面地形主要由高地、月海和环形撞击坑组成。其中，直径大于 1 km 的环形撞击坑占月球表面面积的 7%～10%，月球表面环形坑的直径与数量分布规律如图 3 - 8 所示。由图 3 - 8 可知，月面环形坑的分布量和坑的直径近似成反比[19-21]。

月球表面的环形撞击坑基本是较平缓的，坑的深度一般不超过坑直径的 30%，边缘高度不超过直径的 6%。在漫长的月球地质演化过程中，雨海纪之前月球表面形成了以玄武岩（月海盆地）和斜长岩（月球表面高地）为主的月球表面地质地貌特征；雨海纪之后，月球表面由于承受外来撞击形成了大量的环形山地貌，物源类型复杂。月球表面的高地、崎岖月海、平坦月海分布着大小、形态、数量不等的月石。图 3 - 9 展示了不同月面地形月石的分布特征。

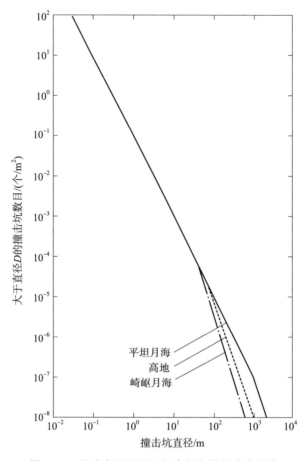

图 3-8　月球表面环形坑的直径与数量分布规律

月球表面的最大坡度约为 23°，大部分月面坡度在 0°～9°。月球表面坡度值较大的地区主要分布于崎岖月海及月球高地。其中，崎岖月海的平均坡度大于 12°；月球高地的平均坡度大于 8°；平坦月海区域及撞击坑底部大部分地区地形平坦，平均坡度小于 4°。月面坡度分布如图 3-10 所示。

（2）火星的典型表面形貌

火星地貌比月球要复杂，形貌特征多样，有高山、峡谷、河床、平地、盆地、撞击坑、沙丘等，还有独特的极地形貌。火星表面地形呈北低南高的不对称结构，北半球是占总面积 30％ 的低洼平原，南半球是遍布陨石坑的高地[22-24]。

火星表面包括密布的撞击坑和陨击盆地，其中南半球坑化严重，北半球火星坑较少。总体而言，火星表面不同的区域，每百万平方千米内直径在 1 km 以上的撞击坑的个数在 160～4 800，在一些区域每百万平方千米直径大于 15 km 的撞击坑数目在 200 以上。相比月球坑，火星坑形状相对丰满，这可能是风力侵蚀的原因。

火星表面岩石分布较多，国外火星探测数据表明，尺寸大于 0.2～0.5 m 的石块覆盖率为 1％，约为月球表面石块覆盖率的 2 倍。

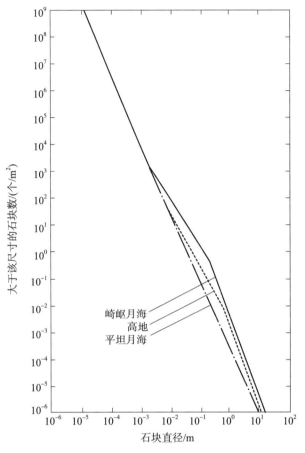

图 3-9　不同月面地形月石的分布特征

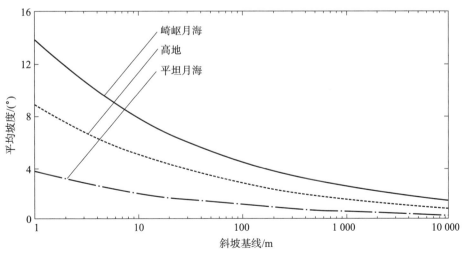

图 3-10　月面坡度分布

火星表面坡度分布涉及大基线和小基线两类坡度条件。大基线（1 km 以上）下，高程小的区域，火面坡度较小且坡度变化较缓。坡度大的区域多位于撞击坑的边缘和高原与平原的交界处，坡度较小的区域多位于平原内部。在北部低纬度平原地区，小基线（2～10 m）的最大坡度小于 10°。

3.2.2　地外天体典型表面形貌模拟技术

在正式开展月球、火星等地外天体着陆或取样返回探测任务之前，需要开展探测器着陆、起飞等关键环节的地面验证试验。试验场中需要模拟符合探测器验证要求的地外天体表面地形地貌特征。另外，为了充分验证探测器性能，表面形貌模拟需要能够快速更换并具备多种典型地形地貌的模拟能力。虽然月球、火星、小天体等地外天体表面形貌存在很大差异，但从着陆起飞地面综合验证试验的需求来看，主要是对撞击坑、石块和坡度进行不同的组合配置，用以模拟地外天体表面的典型地形地貌环境。

（1）撞击坑模拟技术

（a）模拟月坑

月面环形撞击坑的典型形状如图 3-11 所示。

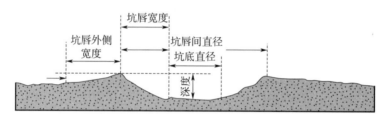

图 3-11　月面环形撞击坑的典型形状

为了模拟月球表面的环形撞击坑，模拟月坑的几何特征设计如图 3-12 所示，其主要造型参数如下：

①模拟月坑深径比（S/D）：0.10 ～ 0.30。

②边缘高径比（H/D）：0.01 ～ 0.06。

③范围尺寸坑径比（C/D）：2.0 ～ 4.0。

④高度尺寸坑径比（G/D）：0.30 ～ 0.50。

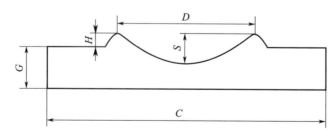

图 3-12　模拟月坑的几何特征设计

　　为了实现灵活配置，模拟月坑的外缘（坑唇）要与模拟坑一一对应，且可以实现移动功能。当坑唇移走后可将模拟坑盖平，以制造平坦的地形；或在坑盖上布置石块，以制造突起的地形。

　　根据探测器软着陆区域的月球表面地形确定月面着陆地面验证试验的基础月貌，明确基础月貌涵盖的所有工况中要求的模拟月坑。表 3-8 展示了我国月球着陆起飞综合试验场在 60 m×60 m 模拟月貌区内的模拟月坑尺寸和数量分布。

表 3-8　试验场在 60 m×60 m 模拟月貌区内的模拟月坑尺寸和数量分布

直径范围 D /cm	个数	球半径/cm	深度 S /cm	边缘高 H /cm	高度尺寸 G /cm	范围尺寸 C /cm
10~15	270	7.5	3	0.4	3.6	24
15~20	36	10	4	0.5	4.8	32
20~30	18	15	6	0.7	7	48
30~50	9	25	10	1.2	12	80
50~100	9	50	20	2.4	24	160
>100	9	70	30	3.6	53	240

　　模拟月坑位于月球着陆起飞试验场模拟月貌区地基之上，每个月坑位置下方构建有排水管路。模拟月坑周围布置有可移动的月坑唇边，用来模拟月球表面在受到陨石冲击后所形成的月坑外形。模拟月坑配套有月坑盖，针对月球探测器软着陆地面验证试验不同工况的要求，通过铺设可移动的月坑盖来遮盖模拟月坑，从而可以灵活设置月球表面上月坑的多种分布状态。模拟月坑的实景照片如图 3-13 所示。

图 3-13　模拟月坑的实景照片

　　（b）模拟火星坑

　　与模拟月坑类似，模拟火星坑包括模拟坑的形状和模拟坑的位置及尺寸，每个模拟坑需配备易搬运且不易损坏的坑盖，模拟坑的外缘（坑唇）要与模拟坑一一对应。

模拟火星坑由 3 部分组成：地基内预留撞击坑、坑唇和坑盖。预留撞击坑位于基础表面以下的位置，其直径比标称撞击坑直径略小（预留坑直径为标称直径的 0.92 倍），在基础建设时应事先制造。在靠近基础表面处多预留平面位置，用于安放坑盖，以免坑盖过高或者过低影响使用效果。坑唇尺寸与设计要求相符，坑盖和预留撞击坑组合可以形成平坦地形。模拟火星坑的基本设计如图 3 - 14 所示。

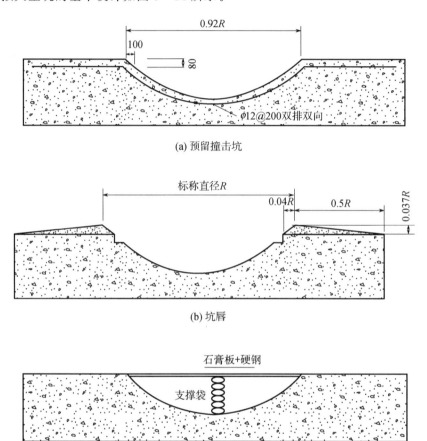

(a) 预留撞击坑

(b) 坑唇

(c) 坑盖

图 3 - 14　模拟火星坑的确基本设计

根据试验需求，需要在模拟火星表面区域内设置不同标称直径的撞击坑。表 3 - 9 展示了我国火星着陆综合试验场在 60 m×60 m 火星表面模拟区内的模拟火星坑的直径、深度和坐标分布。表 3 - 9 中，坐标原点为模拟火星地表区的中心点。

表 3 - 9　模拟火星坑的直径、深度和坐标

序号	模拟坑直径/m	横坐标 X /m	纵坐标 Y /m	坑深度/m
1	1.3	28.2	0.7	0.268 58
2	1.6	9.7	47.7	0.330 56
3	1.6	31.7	9.9	0.330 56

续表

序号	模拟坑直径/m	横坐标 X /m	纵坐标 Y /m	坑深度/m
4	1.2	15.8	39.2	0.247 92
5	1.2	44.9	27.0	0.247 92
6	2.3	13.7	54.8	0.475 18
7	2.0	49.5	32.3	0.413 2
8	1.0	4.7	26.6	0.206 6
9	2.2	57.7	0.3	0.454 52
10	1.1	49.0	52.1	0.227 26
11	2.3	24.0	15.6	0.475 18
12	1.1	25.9	54.6	0.227 26
13	1.9	15.8	8.7	0.392 54
14	2.1	52.2	34.8	0.433 86
15	1.3	8.7	51.2	0.268 58
16	1.2	21.1	30.8	0.247 92
17	1.5	4.6	14.4	0.309 9
18	2.1	11.0	14.4	0.433 86
19	1.4	3.0	54.2	0.289 24
20	1.0	29.5	29.4	0.206 6
21	1.6	54.0	22.2	0.330 56
22	2.2	46.8	23.4	0.454 52
23	1.8	24.2	5.8	0.371 88
24	2.1	56.5	57.4	0.433 86
25	1.3	3.6	14.1	0.268 58
26	1.5	49.3	0.9	0.309 9
27	2.6	10.1	38.9	0.537 16
28	1.1	38.9	27.1	0.227 26
29	1.3	17.8	44.7	0.268 58
30	1.9	41.2	11.0	0.392 54
31	1.5	37.5	46.8	0.309 9
32	2.3	55.8	46.5	0.475 18

（2）石块模拟技术

模拟月石的主要参数包括一定面积内石块的直径、数量及对应的分布。例如，美国"勘测者 3 号"探测器的着陆区，月球表面每 100 m² 面积范围内的石块数分布如下：直径大于 6 cm 的石块数为 100 个，直径大于 25 cm 的石块数为 3～4 个，直径大于 50 cm 的石块数为 0.6 个。根据试验区域的面积，可按照一定的分布概率进行估算，并据此对试验区域进行模拟月石的布置。

在探测器着陆地面综合验证试验中，地外天体表面石块模拟主要是按照试验验证需求，根据确定的尺寸范围、分布数量和形状来进行布设。模拟月石、模拟火星石的形状主要包括球体、长方体、三角锥体和不规则形状体等。

以模拟月石为例，表3-10展示了我国月球着陆起飞试验场在 60 m×60 m 模拟月貌区内的模拟月石尺寸、形状和数量分布。

表 3-10　试验场在 60 m×60 m 模拟月貌区内的模拟月石尺寸、形状和数量分布

最大尺寸范围/cm	总数量	球体数量（占比）	长方体数量（占比）	三角锥体数量（占比）	不规则形状体个数（占比）
2～5	36 000	0（0%）	0（0%）	0（0%）	36 000（100%）
5～10	5 760	0（0%）	0（0%）	0（0%）	5 760（100%）
10～20	1 080	0（0%）	0（0%）	0（0%）	1 080（100%）
20～30	360	36（10%）	36（10%）	36（10%）	252（70%）
30～50	72	7（10%）	7（10%）	7（10%）	51（70%）

通过模拟月石与模拟月坑的组合布置，可实现月球探测器软着陆地面综合验证试验的不同工况要求。图3-15展示了某试验工况下模拟月石与模拟月坑组合布置的实景图。

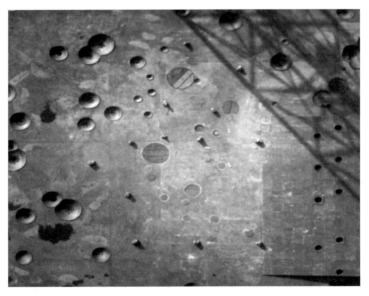

图 3-15　某试验工况下模拟月石与模拟月坑组合布置的实景图

（3）坡面模拟技术

模拟月球、火星等不同地外天体表面的坡面基本类似。根据探测器总体选定的着陆区域不同，所需的模拟斜坡存在较大差别。因此，基于探测器着陆起飞地面综合验证试验的需求，确定所需的模拟坡面的坡度和尺寸，据此进行模拟坡面的建造和布置。模拟坡面要保证足够的强度，以满足探测器着陆表面的试验要求，以及人员上下坡面进行操作的要求。此外，部分情况下，还需在模拟坡面上设置模拟坑、石块等不同形貌特征。

一般而言，可采用模块式钢结构来构造模拟月坡的支撑框架，使用时可将各模块迅速组装成完整的模拟坡面结构，并在钢结构上方铺设混凝土板以构成坡面。坡面混凝土板内设钢筋加强，以满足强度及人工搬运要求。

在我国月球探测器着陆起飞地面综合验证试验中，模拟月坡采用 6° 和 10° 两种斜度。模拟月坡的几何尺寸如图 3-16 所示。其中，10° 模拟月坡的坡面平坦；6° 模拟月坡的坡面可均匀布置深度不小于 35 cm 的圆洞（数量 15 个以上）以模拟月坑，不同位置的圆洞直径可在 60~75 cm 范围内随机设定，并能够根据试验要求被盖平，以恢复坡面的平坦。6° 模拟月坡及其配套的圆洞实物如图 3-17 所示（注：图中左图还未铺设坡面石板）。

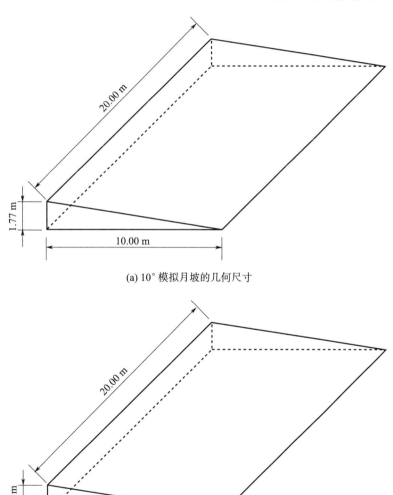

(a) 10° 模拟月坡的几何尺寸

(b) 6° 模拟月坡的几何尺寸

图 3-16　模拟月坡的几何尺寸

图 3 - 17　6°模拟月坡及其配套的圆洞实物

以火星着陆综合试验场的模拟火星坡为例，要求模拟的坡面较月球着陆起飞试验场更大，投影面积为 20 m×20 m，坡度为 6°，采用了 Q345 等边角钢焊缝连接，单组钢架投影尺寸为 20 m×2 m，10 组钢架组成完整边坡钢架，钢架整体采用螺栓连接。组合后钢架上方采用 0.5 m×0.5 m×0.07 m 混凝土板进行坡面铺设，每块面板内布置直径 12 mm 的钢筋，采用双层配筋加强。模拟火星坡的钢结构如图 3 - 18 所示。

（4）大面积、多地形表面形貌快速模拟

在月球、火星等地外天体探测器着陆起飞综合验证试验中，需要基于月球、火星等表面形貌特征的概率分布开展大面积、多地形的探测器着陆区形貌特征的模拟与模块化布设，用以验证探测器对着陆目标点的识别与悬停避障能力。大面积、多地形表面形貌快速模拟技术不仅要符合月面、火星表面地形真实的分布特征，还需要能够快速实施，具备多种典型地形地貌的灵活布设能力。

为实现对多种典型地外天体表面地形地貌的快速模拟，结合探测器软着陆地面验证试验的考核需求分析，通过高程剔除设计和模拟撞击坑、模拟石块、模拟坡面的模块化组合设计来实现试验需求。针对原始模拟地形构造复杂、分布规律随机的问题，结合探测器上导航敏感器识别精度、识别算法及地形特征对探测器着陆安全的影响，对模拟地形的高程差进行设定，剔除尺寸过小及过大的撞击坑和石块，仅保留直接影响探测器性能验证考核的地形特征，从而减少对于工程而言不必要的表面形貌模拟，降低了表面形貌模拟的实施难度，同时仍符合所需验证的表面地形的分布规律。

例如，针对模拟月坑的大面积模拟与快速调整布设问题，采用可移动模拟月坑盖、月坑唇边的方式，根据试验工况的需要留出模拟月坑，或盖平以取消特定月坑，也可盖成浅坑来调整模拟月貌中非安全着陆区的分布位置。进一步，结合模拟月石、模拟月坡的可移动布设来实现多工况不同模拟地形的快速布设要求。月球着陆起飞综合试验场采用上述技术思路，可以实现月球表面形貌典型地形地貌的大面积快速布设。在探月二期工程、探月三期工程相关试验的工程实践中，实现了 12 h 内完成 60 m×60 m 面积的全场模拟月貌铺设、2 h 内完成 10 m×10 m 面积的局部模拟月貌改造的能力。图 3-19 展示了两种模拟月球表面形貌试验工况的高程云图。

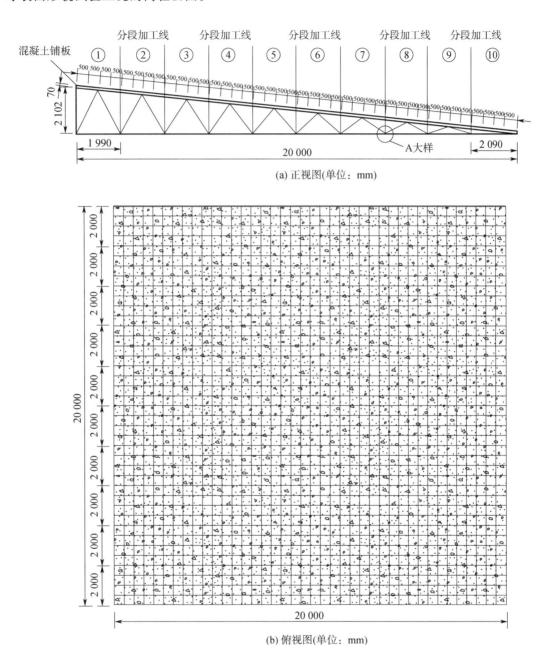

(a) 正视图(单位：mm)

(b) 俯视图(单位：mm)

图 3-18　模拟火星坡的钢结构

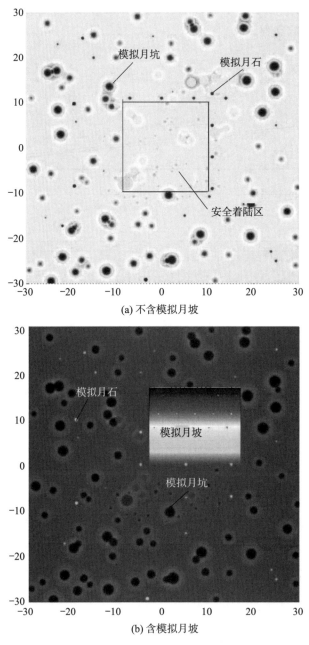

(a) 不含模拟月坡

(b) 含模拟月坡

图 3-19 模拟月球表面 60 m×60 m 典型地形地貌高程云图

3.3 表面反散射特性模拟技术

3.3.1 地外天体表面反散射特性模拟要求

反散射特性是开展地外天体着陆试验时需要模拟的另一项重要特性。为实现在月球、火星、小天体等地外天体表面的安全着陆,探测器上一般要配置多种导航敏感器。通过测距、测速实现探测器相对天体表面的高度和飞行速度的测量，并据此对探测器的自主导航进行修正。探测器一般还需要对天体表面进行光学图像拍照和激光三维扫描，获取落地的数字高程图，以识别出安全等级最高的区域作为目标点完成降落。探测器的测距、测速性能及其安全识别能力直接影响着陆结果，与之相关的天体表面反散射特性模拟是探测器悬停、避障、缓速下降等着陆过程验证试验的一项关键实施要素。具体而言，在月球探测器、火星探测器等最终着陆段地面综合验证试验中，需要考虑月球表面、火星表面等地外天体对可见光、激光和微波反散射特性的模拟，以满足探测器所用导航敏感器的工作条件[25-30]。

（1）月球表面反散射特性模拟要求

在月球探测器软着陆地面综合验证试验中，需要模拟月球表面反散射特性的区域包括月球探测器三维成像仪视场内区域、微波测距测速敏感器视场区域（L1、L2、L3 工作区）和激光测速敏感器视场区域（R2、R3、R5）。月球表面反散射特性模拟的各区域分布及范围如图 3 - 20 所示。

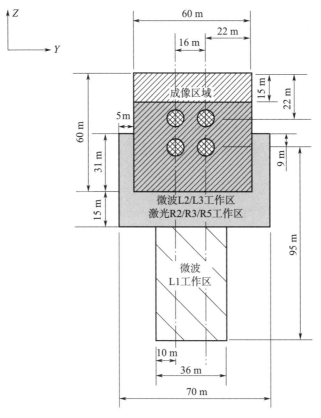

图 3 - 20　月球表面反散射特性模拟的各区域分布及范围

在月球探测器软着陆地面综合验证试验中，对月球表面反散射特性模拟的主要要求如下。

1）对 60 m×60 m 的成像区域，除需模拟月球表面地形地貌外，还要同时模拟月球表面对激光和微波的反散射特性。

2）对 L1、L2 和 L3 区域需模拟月球表面对微波的反射特性，对 R2、R3 和 R5 区域需模拟月球表面对激光的反射特性，两区域重叠部分需同时模拟月球表面对微波和激光的反射特性。

3）对 600～800 nm 的可见光，模拟月面的反射率范围为 6%～30%。

4）对 1 047～1 064 nm 的激光，模拟月面的反射率范围为 6%～30%。

5）对 34.25 GHz 及 34.55 GHz 的电磁波，当入射角在 0°～70°范围内变化时，后向散射系数为 −30～−5 dB。

（2）火星表面反散射特性模拟要求

在火星探测器软着陆地面综合验证试验中，需要模拟火星表面反散射特性的区域包括火星探测器三维成像仪视场内区域、微波测距测速敏感器视场区域（L1、L2、L3、L4 工作区）。火星表面反散射特性模拟的各区域分布及范围如图 3 - 21 所示。

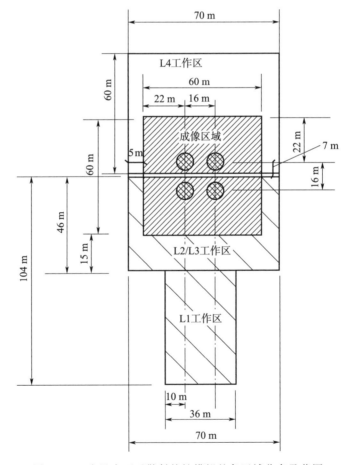

图 3 - 21　火星表面反散射特性模拟的各区域分布及范围

在火星探测器软着陆地面综合验证试验中，对火星表面反散射特性模拟的主要要求如下。

1）对 60 m×60 m 的成像区域，除需模拟火星表面地形地貌外，还需同时模拟火星表面对激光和微波的反散射特性。

2）对 L1、L2、L3 和 L4 区域，需模拟火星表面地形地貌的大致起伏特征，还需模拟火星表面对微波的反射特性。

3）500～800 nm 光学范围内的反射率为 0.2～0.35。

4）对 1 047～1 064 nm 的激光，模拟火星表面的反射率为 0.28～0.30。

5）对 16 GHz、32.7 GHz、33.7 GHz、34.7 GHz 及 35.7 GHz 的电磁波，当入射角在 0°～70°范围内变化时，后向散射系数为 −30～+5 dB。

3.3.2　表面反散射特性模拟技术

对于地外天体表面反散射特性模拟要求，无论是月球还是火星表面的模拟，都是通过采用合适的场地材料，对其表面进行粗糙度设置，并在表面喷涂特定颜色和材料的耐高温涂料来实现。

经过研究测试，对于 3.3.1 所述电磁波的后向散射特性模拟，选用掺混较少的普通 PII 型水泥，厚度不低于 15 mm，并在表面设置一定的粗糙度分布时可以满足技术指标要求。研究发现，水泥材料的电磁波反射率随厚度的变化并非简单的递增关系，但当厚度大于 15 mm 以后，反射率和散射率对厚度的变化已经非常不明显。此外，在干燥条件下，砂土和泥胶土在频率 35 GHz 电磁波，入射角在 0°～70°范围内变化时，后向散射系数为 −25～−10 dB，也满足要求。

对于可见光和激光的反射率模拟，经过研究测试表明，在混凝土表层采用 ZS 型反射耐高温耐腐蚀涂料，调色到一种特定的灰色后，可实现指标要求。其相关参数如表 3 − 11 所示。

表 3 − 11　ZS 型反射耐高温耐腐蚀涂料参数

参数	数值	参数	数值
可见光反射率/%	80	硬度/H	5
近红外区反射率/%	80	附着力（划格法）/级	1
红外半球反射率/%	80	盐雾试验/h	>500
适用温度/℃	−90～−30	老化试验/h	>500
抗拉强度/kPa	2 500	热反射率/%	>80

综合地外天体表面反散射特性模拟要求及模拟地表区试验时的承载需要，模拟场地的基本方案可如图 3 − 22 所示，其上可以设置各种坑、石、坡等表面形貌的模拟部分，其下要考虑排水、防水的处理。

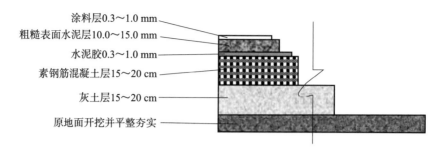

涂料层0.3～1.0 mm
粗糙表面水泥层10.0～15.0 mm
水泥胶0.3～1.0 mm
素钢筋混凝土层15～20 cm
灰土层15～20 cm
原地面开挖并平整夯实

图 3-22　地面天体模拟地表基本方案

参 考 文 献

［1］ 欧阳自远. 月球科学概论 ［M］. 北京：中国宇航出版社，2005.

［2］ 樊世超，贾阳，向树红，等. 月面地形地貌环境模拟初步研究 ［J］. 航天器环境工程，2007，24（1）：15 - 20.

［3］ 郑永春，欧阳自远，王世杰，等. 月壤的物理和机械性质 ［J］. 矿物岩石，2004，24（4）：14 - 19.

［4］ 李建桥，邹猛，贾阳，等. 用于月面车辆力学试验的模拟月壤研究 ［J］. 岩土力学，2008，29（6）：1557 - 1561.

［5］ 林呈祥，钟世英，凌道盛. 模拟月壤颗粒形状特征及其对抗剪强度影响分析 ［J］. 东北大学学报（自然科学版），2016，37（11）：1640 - 1644.

［6］ 邓宗全，丁亮，高海波. 月壤特性对月球车轮地相互作用力的影响 ［J］. 哈尔滨工业大学学报，2010，42（11）：1724 - 1729.

［7］ LI Y Q，LIU J Z，YUE Z Y. NAO - 1：Lunar highland soil simulant developed in China ［J］. Journal of Aerospace Engineering，2009，22（1）：53 - 57.

［8］ CARRIER W D. Particle size distribution of lunar soil ［J］. Journal of Geotechnical and Geoenvironmental Engineering，2003，129（10）：956 - 959.

［9］ HE C，ZENG X W，WILKINSON A. Geotechnical properties of GRC - 3 lunar simulant ［J］. Journal of Aerospace Engineering，2013，26（3），528 - 534.

［10］ JIANG M J，LIU F，SHEN Z F. Distinct element simulation of lugged wheel performance under extraterrestrial environmental effects ［J］. Acta Astronautica，2014，99（11）：37 - 51.

［11］ 韩同林，孟宪刚，邵兆刚，等. 火星地貌与地质 ［M］. 北京：地质出版社，2007.

［12］ 刘兴杰，苏波，江磊，等. 火星表面土壤力学性能参数研究 ［J］. 载人航天，2016，22（4）：459 - 465.

［13］ 党兆龙，陈百超. 火星土壤物理力学特性分析 ［J］. 深空探测学报，2016，3（2）：129 - 133，144.

［14］ 蒋明镜，李立青. TJ - 1模拟月壤的研制 ［J］. 岩土工程学报，2011，33（2）：209 - 214.

［15］ 刘汉生，王江，赵健楠，等. 典型模拟火星土壤研究进展 ［J］. 载人航天，2020，26（3）：389 - 402.

［16］ 薛龙，党兆龙，陈百超，等. 地面力学在火星壤力学参数估计研究中的进展与展望 ［J］. 宇航学报，2020，41（2）：136 - 146.

［17］ 李建桥，薛龙，邹猛，等. 已有模拟火星壤力学性质分析及新火星壤研制 ［J］. 吉林大学学报（工学版），2016，46（1）：172 - 178.

［18］ 蒋明镜，吕雷，李立青，等. TJ - M1模拟火壤承载特性的研究 ［J］. 岩土工程学报，2020，42（10）：1783 - 1789.

［19］ 叶培建，肖福根. 月球探测工程中的月球环境问题 ［J］. 航天器环境工程，2006，23（1）：

1 – 11.

[20]　樊世超，贾阳，向树红，等 . 月面地形地貌环境模拟初步研究 [J]. 航天器环境工程，2007，24
　　　（1）：15 – 20.

[21]　陈磊，李飞，任德鹏，等 . 月面和近月空间环境及其影响 [J]. 航天器工程，2010，19（5）：
　　　76 – 81.

[22]　欧阳自远，肖福根 . 火星及其环境 [J]. 航天器环境工程，2012，29（6）：591 – 601.

[23]　王越，王彪，王汛，等 . 火星探测任务着陆区选址和地质分析 [J]. 深空探测学报，2020，7
　　　（4）：371 – 383.

[24]　赵静，魏世民，唐玲，等 . 火星车行驶环境研究综述 [J]. 载人航天，2019，25（2）：256 – 264.

[25]　任德鹏，李青，刘振春，等 . 月面着陆起飞试验技术研究 [J]. 深空探测学报，2018，5（3）：
　　　281 – 285，298.

[26]　石晓波，李运泽，黄勇，等 . 月球表面环境综合模拟系统的设想 [J]. 中国工程科学，2006，8
　　　（11）：48 – 52.

[27]　黄本诚，马有礼 . 航天器空间环境试验技术 [M]. 北京：国防工业出版社，2002.

[28]　邢琰，滕宝毅，刘祥，等 . 月球表面巡视探测 GNC 技术 [J]. 空间科学学报，2016，36（2）：
　　　196 – 201.

[29]　宋馨，张有为，刘自军 . 嫦娥三号着陆区月球表面辐射特性测算 [J]. 空间科学学报，2016，36
　　　（6）：916 – 924.

[30]　黄晨，王建军，薛莉，等 . 一种空间目标可见光反射特性控制技术 [J]. 北京航空航天大学学报，
　　　2015，41（6）：995 – 999.

第 4 章　试验指挥控制与测量技术

4.1　试验指挥控制技术

　　试验指挥控制系统是保障地外天体着陆起飞试验正常开展与顺利实施不可或缺的一部分，用于实现试验指挥、控制、管理、视频监控、数据传输与处理、故障判别、授时、通信等功能。本节对地外天体着陆起飞试验相关的指挥控制技术进行简要介绍。

4.1.1　试验指挥控制的需求

　　（1）指挥控制能力

　　在地外天体着陆起飞试验中，试验指挥控制系统作为整个试验的中枢系统，要求对整个试验过程具有强大的指挥、控制和调度能力及数据处理能力。在进行试验时，要有足够的能力控制地面测量系统、低重力试验设施系统和验证器系统等各系统配合工作，才能保证整个试验过程的顺利进行。在试验正式开始前，试验指挥控制系统通过通信链路为验证器发送上行指令，控制验证器上配电设备工作，并接收验证器、地面试验场等其他系统的状态确认参数；试验准备就绪后，指挥控制系统同时向验证器、地面试验场等其他系统发送试验开始指令；试验进行中，试验指挥控制系统的通信链路同时接收验证器、地面试验场等其他系统的相关指令、数据和图像信息，并进行试验数据处理。试验过程中一旦出现紧急情况，通过指挥控制系统进行应急停止等程序，防止在试验过程中出现异常事故的传播与扩大[1]。

　　（2）通信要求

　　在地外天体着陆起飞地面综合验证试验中，试验指挥控制系统不仅需要发送指令，还需要接收验证器下行的遥测参数。验证器遥测参数诸多且遥控指令复杂，试验指挥控制系统要保证接收处理的遥测参数正确。试验指挥控制系统发送的指令主要包括对验证器的上行遥控指令、试验开始指令、试验结束指令、试验应急中止指令等。对验证器的上行遥控指令是在试验前指挥控制系统对验证器进行一系列加电、状态设置等工作的遥控指令；试验开始指令发送给试验场各参试系统，是试验开始的标志，要确保各分系统同时启动，才能使整个试验具有基点时间，确保数据的一致性，再进行所有数据比对时才有依据；试验结束指令在试验结束后发送给各相关系统，确保各系统做好相关的后处理工作；试验应急中止指令保证在试验出现故障时其他系统正确接收该指令，及时做出相应的处理工作，确保试验不发生大的事故。上述指令都关乎试验的成败，因此对通信指令的正确性、可靠性要求很高。

（3）数据传输与处理要求

试验指挥控制系统需要传输与处理的数据主要有对验证器的上行遥控指令、验证器下行遥测参数、低重力模拟试验设施运行状态数据、地面测量系统的测量数据和试验过程影像测量数据、安全监控影像数据等。在着陆起飞综合验证试验中，要求试验指挥控制系统与验证器地面总控设备之间的通信链路保证足够高的数据传输速度和较短的信息传输延时。低重力模拟试验设施运行状态数据一般包括试验设施健康参数、吊绳拉力、吊绳偏角等。地面测量系统的测量数据一般包括验证器姿态信息、验证器运动轨迹、验证器速度与加速度信息、气象参数等。试验过程影像测量数据包括多路高速摄像、准高速摄像等光学测量数据。安全监控影像数据一般是安装在低重力模拟试验设施上面的监控摄像头传回至指挥控制系统的影像数据。试验指挥控制系统需要传输与处理的数据参数类型繁多，数据量庞大，要针对以上数据源的数据进行专业化处理，处理后还要根据需要进行各种数据的监控显示、数据库管理、故障监测和报警、网络管理等任务，同时要保证数据处理的及时性、正确性和安全性。同时，要求试验指挥控制系统选择最优的数据访问形式，确保在进行数据显示时不会造成网络堵塞。

（4）试验时统精度要求

在着陆起飞地面综合验证试验中，需要指挥控制系统为参试的验证器、低重力模拟试验设施、地面测量设备等其他系统提供授时信号，以确保试验场所有参试设备的统一时间精度。一般而言，试验场各设备的时统精度应优于 5 ms，提供给参试验证器地面总控设备的授时精度应优于 50 ns。

（5）试验应急反应能力要求

试验指挥控制系统在进行硬件配置和软件设计时，要对应急处理部分进行足够细致的分析与设计。由于涉及发动机点火、携带有推进剂的验证器快速运动过程中对试验安全性的高度保障需求，在地外天体着陆起飞综合验证试验中要求指挥控制系统应急处理的反应时间小于 1 s，这就需要试验指挥控制系统具备强大的、快速的、准确的、合理的应急处理能力。在指挥控制系统软件设计时，要将涉及试验安全的关键参数进行分类、整合，要能够快速地对状态数据进行故障判断，同时还要保证判断的准确性，不能出现误判、漏判。

（6）可靠性与故障处理要求

着陆起飞综合验证试验要求在轻微或轻度故障发生后，维修时间不超过 6 h，具备在 6 h 内重复试验的能力；发生严重的故障后，维修时间不超过 24 h，具备在 24 h 内重复试验的能力；对于灾难性故障应避免。因此，试验指挥控制系统作为地外天体着陆起飞地面试验场的中枢部分，对系统的可靠性要求很高。如果指挥控制系统出现故障，将会导致试验无法进行，甚至会发生灾难性的后果，损失将会非常大。因此，在试验指挥控制系统设计时，必须要考虑硬件设备的安全性、可靠性，针对试验需要，采用系统冗余设计和合理硬件配置，设置专用通信通道，确保足够的使用带宽。与此同时，还需要兼顾试验指挥控制系统的开放性、可扩展性，在满足目前需要的基础上还要对将来一段时期内功能的扩展留有余量[2-5]。

4.1.2　试验指挥控制系统的组成

试验指挥控制系统一般由时统子系统、网络传输子系统、数据处理与存储子系统、指挥显示子系统、指挥调度子系统、核心交换机、指挥显示接入交换机、外场接入交换机，以及配套的指挥控制软件等组成。试验指挥控制系统的组成如图 4-1 所示。

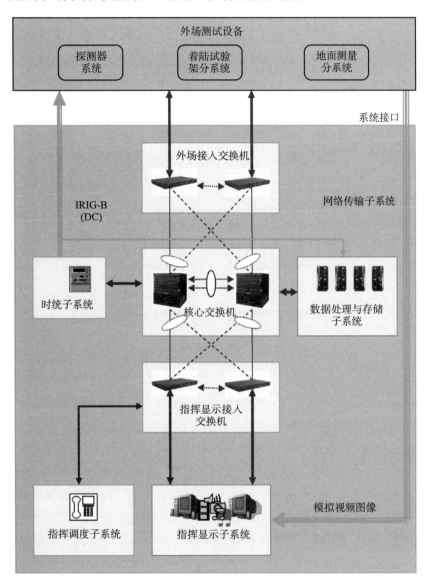

图 4-1　试验指挥控制系统的组成

（1）时统子系统

由于试验各测控设备必须在统一的时间基准下同步工作，因此需要试验指挥控制系统建立时统子系统，为试验各测控设备提供统一的频率基准和时间基准信号。时统子系统为所有接入指挥控制系统通信网络的计算机提供网络授时服务，同时通过 IRIG - B 时统信号为数据处理与存储子系统、外场测量设备提供高精度的时间同步服务。

时统子系统主要由测频单元、频标单元、时码单元、网络授时服务单元等部分组成，如图 4 - 2 所示。其中，测频单元利用北斗授时接收机进行标准频率与时间测定，以标准频率信号为参考基准，对本地时间进行校准，使本地频标的输出频率与参考基准保持精确同步，同时利用接收的标准时间信号对时码单元进行定时；频标单元产生并输出标准频率信号，由原子钟、频标切换部分及频标放大部分组成；时码单元为数据处理与存储子系统、外场测量设备产生并输出 IRIG - B 时统信号；网络授时服务单元通过指挥控制系统通信网络为交换机、服务器、计算机等设备提供授时服务。针对试验外场测量设备长距离（大于 200 m）授时的情况，时统 B 码电信号通过光端机将电信号转换为光信号传输到外场，再经过光端机恢复成 B 码电信号，经外场 B 码分配单元分出多路信号，送至前端测量设备[6]。

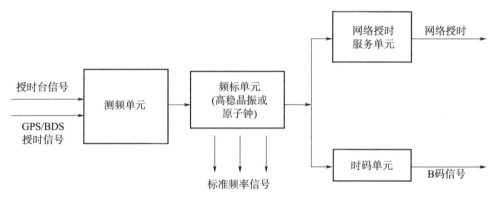

图 4 - 2　时统子系统的组成

（2）网络传输子系统

网络传输子系统承担试验外场测试设备与指挥控制中心设备之间的数据传输及试验指挥控制系统内部的数据传输，用于完成时统信号传输、语音调度信号传输、视频信号传输、测量数据与控制指令传输。出于试验安全考虑，地外天体着陆起飞试验区域距离指挥控制中心之间的距离较远，因此需要设立通信中继站，配备以太网交换机，通过光纤实现外场测试设备与指挥控制中心的时统、语音和视频信号传输。网络传输部分采用成熟的网络结构，分为核心层和接入层两层结构。网络设计为双网冗余配置，配有 2 套核心交换机、2 套外场接入核心交换机、2 套指挥显示接入交换机，构成路径冗余网络，来保证数据传输的高可靠性。网络传输子系统具备光纤数据接口，预留部分网络端口，保障系统的可扩展性，同时在进行设计时应根据其他分系统要求保证专用的数据通道和足够的网络带宽，定制相关机制，确保数据传输的实时性、准确性、安全性。指挥控制分系统的核心设备接入核心层，直接与核心交换机连接；其他分系统数据服务器或工作站与核心交换机的外场 VLAN 连接；指挥显示部分的显示终端设备与指挥显示接入层交换机连接。网络传输子系统的拓扑结构如图 4 - 3 所示。

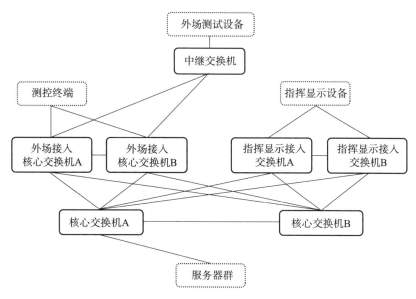

图 4 - 3　网络传输子系统的拓扑结构

（3）数据处理与存储子系统

数据处理与存储子系统由处理服务器、数据库服务器、仿真服务器、磁盘阵列、后备磁带库、存储区域网络交换机组成，如图 4 - 4 所示。数据处理与存储子系统采用双机并行的工作模式，在试验过程中，通过网络实时接收外场试验设备的测量数据及模拟视频数据，进行解析、分类、处理、记录，同时向指挥显示子系统分发处理结果数据；依据故障判别专家系统完成故障判别，若出现异常，及时向指挥显示子系统和其他相关分系统发送报警信息，记录系统总控计算机发出的控制指令和各设备的应答信息，并在试验后接收外场试验设备的详细测量数据和专业化处理结果，进行数据融合和结构化存储，实现试验过程与数据的同步回放。

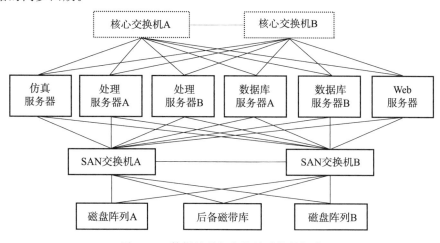

图 4 - 4　数据处理与存储子系统的组成

（4）指挥显示子系统

指挥显示子系统将试验数据、现场视频图像等信息进行实时显示和事后回放显示，通过网络接收由数据处理与存储子系统分发的测量数据处理结果及数字视频数据，通过选切设备，将所选的终端画面通过投影机显示到大屏幕上。指挥显示子系统还接收外场和指挥控制中心内部的多路监控视频信号，进行图像记录，同时经过选切和画面拼接融合处理，通过投影机显示到大屏幕中；在事后回放过程中，从硬盘录像机中选择实时记录的多路图像，实现图像回放。

指挥显示子系统包括指挥显示工作站、视频图像处理与监视设备、大屏幕投影显示设备等。其中，指挥显示工作站各自以双网卡方式与指挥显示接入交换机连接，构成集音视频信息、测量数据于一体的分布式综合显示信息网，供参试人员进行实验数据、视频的监视和判读；视频图像处理与监视设备由视频摄像系统、字幕叠加器、视频分配器、视频录像机、电视墙监视器等设备组成，其结构如图 4 - 5 所示；大屏幕投影显示设备由视频矩阵、RGB（红-绿-蓝）矩阵（一种图像信号传输方式）、图像处理器、投影机、投影幕等组成，其结构如图 4 - 6 所示。

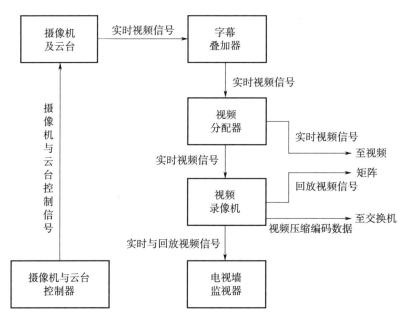

图 4 - 5　视频图像处理与监视设备的结构

（5）指挥调度子系统

指挥调度子系统用于实现试验过程中的语音指挥、调度、情况汇报等功能。指挥调度子系统由调度主机、指令发控台、有线调度终端、无线基台、无线移动调度终端、话务监控台、录放音设备、扬声设备组成。

在地外天体着陆起飞试验中，对于指挥控制中心大厅内部的试验站位，采用有线语音通信方式进行指挥调度，并在人员集中场合配置扬声设备用于广播；对于外场试验站位，采用加密无线语音通信方式，参试人员配备无线加密移动终端。指挥调度子系统中的录音

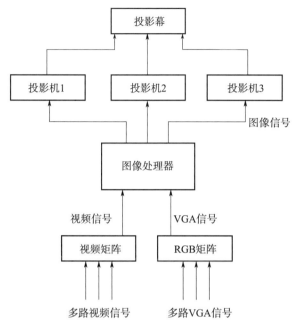

图 4 - 6　大屏幕投影显示设备的结构

系统工控机连至指挥显示接入层交换机中，通过监管工作站上的录音系统客户端软件来控制录音系统工控机的录音与回放。指令发控台终端计算机连至核心交换机的管理 VLAN 中，以接受监管工作站的管理。两台调度主机同时接收时统子系统提供的网络授时服务，使调度主机系统和录音系统的记录时间与试验时间进行高精度的授时和守时。

（6）交换机设备

交换机设备主要由 2 套核心交换机、2 套外场接入交换机、2 套指挥显示接入交换机、1 套中继交换机组成。其中，2 套核心交换机、2 套外场接入交换机、2 套指挥显示交换机构成互为热备份的通信传输路径冗余网络。中继交换机为 1 套以太网交换机，连接外场测试设备，并通过两路聚合光端口与指挥控制中心大厅的网络子系统连接。

（7）指挥控制软件

指挥控制软件一般由系统软件和应用软件组成。其中，系统软件包括操作系统软件、数据库系统、授时服务软件、病毒防治系统；应用软件按照功能分类，可划分为中心服务软件、试验总控软件、指挥显示软件、设备监控管理软件、数据回放监控软件、试验仿真软件、系统管理软件等。其层次结构如图 4 - 7 所示。

应用软件中，中心服务软件部署于数据处理服务器中，完成数据接收与记录服务、实时数据处理服务、数据分发服务；试验总控软件部署于指挥控制大厅监控机中，完成试验综合状态监视、任务状态切换、指令控制、故障判别与报警；指挥显示软件部署于指挥控制大厅监控机中，完成各专业数据、轨迹图形、三维动画、视频图像的实时显示与操作；设备监控管理软件部署于监管工作站中，完成设备配置、系统状态监控、报警与控制、系统工作日志、远程控制；数据回放监控软件部署于监管工作站中，完成事后对试验过程及

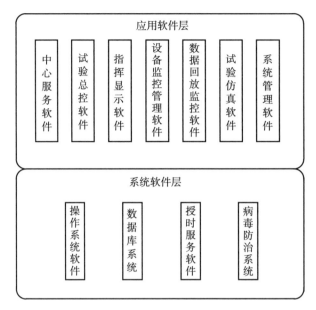

图 4-7　指挥控制软件层次结构

数据的同步回放。试验仿真软件服务器部署于仿真服务器中，客户端部署于监管工作站中，模拟外场各参试设备测量数据、状态，完成指挥控制中心各系统的运行状态检查与验证；系统管理软件部署于数据处理服务器中，分为试验信息配置（试验前）和试验数据管理（试验后）两部分：试验信息配置主要对试验进行用户的角色、权限、站位等信息配置、应急策略配置及试验任务的详细参数配置，试验数据管理主要对正式试验产生的试验数据进行数据融合、分类整理、结构化存储及对历史试验数据的编辑、复制、删除、导入/导出、报表、打印、归档、备份等。

（8）系统接口

指挥控制系统与其他系统的接口主要包括时统接口、网络接口（数据和指令）、视频信号接口。指挥控制系统通过时统子系统向前端设备、其他各系统数据服务器或工作站、显示终端设备发送时统信号，其中前端设备、各系统数据服务器或工作站对时统精度要求高，可使用 B 码授时方式，采用专用时统卡。数据显示终端等对时统精度要求较低的设备可采用网络授时方式。指挥控制系统通过网络与验证器系统、低重力模拟试验设施系统、地面测量系统等进行试验数据和控制指令的交换，根据数据实时性及网络架构设计的要求，可采用 100（Mbit/s）/1 000（Mbit/s）以太网接口及千兆光纤接口进行网络传输。外场试验测量图像和监视图像可以模拟信号或数字信号的形式传输到指控中心。

4.1.3　关键技术

（1）通信与数据传输网络可靠性设计

在地外天体着陆起飞地面综合验证试验中，除了保证参试设备实现互相通信的基本要求外，还需保证通信与数据传输数据流的连续性、实时性和及时性。传输网络的高可靠性通过网络冗余设计实现，具体包括组网设备冗余和链路冗余。在指挥控制系统中，采用星型千兆以太网和核心层、接入层两层结构划分，在接入层和核心层皆采用组网设备冗余和链路冗余设计。核心层和接入层各自采用 2 套互为热备份的 3 层千兆交换机，每套接入交换机通过双回归聚合链路与 2 套核心交换机连接；外场测控设备分别通过 2 条路径与 2 套外场接入交换机连接；指挥显示设备分别通过 2 条路径与 2 套指挥显示接入交换机连接；指挥控制中心服务器群中的各设备分别通过 2 条路径与 2 套核心交换机连接。上述网络冗余配置模式消除了由于网络单点故障造成的通信中断隐患，可确保数据传输的高可靠性。

在地外天体着陆起飞综合试验中，必须保证试验数据的连续实时处理和可靠记录。因此，为避免单点故障，数据处理服务器、数据库服务器、磁盘阵列设备都各自部署 2 套形成双机系统，并采用双击并行模式避免故障诊断与切换时间延迟，防止试验数据丢失。指挥控制系统各设备均以冗余路径进行数据传输，以保证数据处理与存储的高可靠性；同时，配备后备磁带库设备，用于异地保存试验数据，最大程度保护数据安全。

（2）网络传输实时性与安全性设计

由于地外天体着陆起飞试验测控设备种类较多，并且各类设备往往自成系统进行信息传输与存储，以完成专业化测控任务，因此为避免不同系统间信息的串扰和网络广播风暴，需要为各系统划分不同的虚拟子网，在链路层隔离不同系统的信息。同时，为了解决不同系统间的信息交互，又需要在传输层通过 IP 地址进行信息交换，进而有效避免广播风暴和网络阻塞，确保数据与指令传输的实时性、准确性和安全性[7]。

在指挥控制系统软件方面，可采用如下技术路径来保障网络传输的实时性与安全性。

1）对于实时要求高和客户端数量多的软件，采用客户端/服务器（Client/Server，C/S）软件架构进行设计，以满足实时性要求；其他软件采用浏览器/服务器（Browser/Server，B/S）软件架构，以保证软件使用与维护的简便性。

2）采用多线程设计技术，利用不同优先级的线程完成实时性要求不同的试验任务，为高速处理线程分配高优先级，指令控制线程具备最高处理优先级，保证所有试验任务都能够在规定时间内得到处理。

3）指挥控制系统同时存在点对点、一点对多点的网络传输方式，其中点对点方式的控制指令采用具有安全保障的传输控制协议（Transmission Control Protocol，TCP）进行传输，数据采用高效率的用户数据播报协议（User Datagram Protocol，UDP）进行传输。在一点对多点方式中，采用 UDP 组播协议进行数据传输，能够实现发送端发送的一份信息被多个接收端同时接收，在减轻发送端负荷的同时保证信息接收的同步性和实时性。

4）对于试验指令手动发送模式，指挥控制软件采用安全防护措施，避免由于误操作而发出不正确的指令，且指令发送采用冗余通道，对于紧急中止指令，重复发送多次，以确保接收方能够收到。

4.2　试验测量技术

在地外天体着陆与起飞各项验证试验中，需要准确测量验证器初始状态及试验运动过程中的各项运动参数和动力学参数。为了对验证器的运动过程进行分析评价，还需对模拟地表进行高程精测，以获得按要求布置的月貌、火貌的数字高程模型（Digital Elevation Model，DEM）文件。

试验测量手段主要包括内测和外测两类，其中内测是在验证器上安装惯导导航设备、加速度传感器、力传感器及对应的采集设备，实现对验证器位置、姿态、加速度、冲击响应、缓冲力等参数的测量；外测主要是采用摄像测量的手段，以实现非接触情况下对验证器各项运动参数的精确测量。此外，为了确保准确得到验证器相对试验场坐标系的运动参数，需要对试验场的坐标系进行准确标定。

4.2.1　摄像测量技术

针对地外天体着陆与起飞相关试验，摄像测量需要解决以下主要技术难题。

1）需测量的参数多且精度要求高。需测量的验证器三维运动参数包括位移、速度、加速度、角度、角速度、角加速度，并要求达到高精度，以校核验证器上所用的导航敏感器等参试产品的分辨率，并分析判断验证器的实际运动是否符合控制律要求。

2）试验空间范围覆盖大。验证器试验运动空间范围覆盖大。例如，在月球探测器着陆起飞地面验证试验中，探测器最大运动范围为 70 m（高）×16 m×16 m，需要实现全覆盖、不间断的测量。

3）试验测量自动化要求高。由于地外天体探测器着陆起飞综合试验过程中涉及验证器快速运动、发动机点火等问题，因此试验本身具有一定的危险性。为保证人员安全，在试验过程中必须设置安全区，不允许人员进入试验影响区域；而为了确保测量精度，高速摄像机等设备需要布设在试验区域周边，因此要求试验测量设备有能力自动化运行。

在地外天体着陆起飞地面综合验证试验中，验证器三维运动光学测量采用基于无线同步的静态高速摄像测量和准高速光学跟踪测量相结合的技术方案，两套光学测量系统相互辅助，其布局如图 4-8 所示。探测器三维运动静态高速摄像测量利用至少两台静止的高速摄像机对目标进行静态成像，根据多台高速摄像机拍摄的图像进行交会测量。验证器三维运动准高速光学跟踪测量设备包括 3 台准高速光学测量摄像机和 3 套二维伺服跟踪平台，每台摄像机各自安装在一套跟踪平台上，平台分散布置在试验场不同区域。跟踪平台的光路对焦在验证器特征点上并能够主动跟踪验证器的运动，获得准高速摄像机成像对应的俯仰角和方位角，以解算目标点的位置坐标。

在地外天体着陆起飞地面验证试验中，为获得高精度的验证器三维运动光学测量数据，采用无线同步触发装置保证高速、准高速及跟踪平台均工作在同一时间基准上。无线

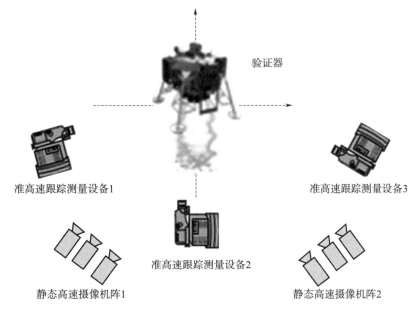

图 4-8　验证器三维运动光学测量系统布局

同步触发装置由指令发送机将触发信号通过无线方式发送至多台设备，利用该方式能够实现多台设备时间同步优于 1 ms，触发时延优于 15 ms，满足了试验测量和安全操作要求。无线同步触发原理如图 4-9 所示。

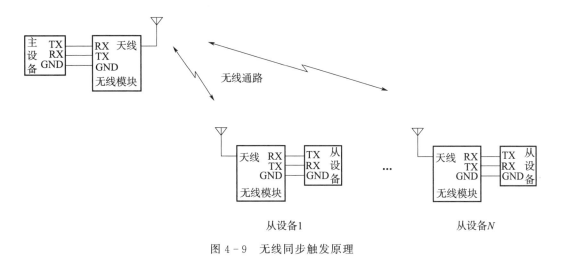

图 4-9　无线同步触发原理

（1）静态高速摄像测量技术

静态高速摄像测量属于非接触测量的范畴，它融合了摄像测量与计算机视觉等学科的理论与技术，在地外天体着陆与起飞地面验证试验中可实现对验证器位置、位移、姿态及运动参数的精确测量。静态高速摄像测量技术具有测量装置简单、测量成本低、精度高、自主性强、易于实现等诸多优点，能在保证测量精度的同时不对验证器的结构特征、载荷质量和运动特性带来干扰。静态高速摄像测量系统根据所使用的高速摄像机数目可分为单目视觉、双目视觉和多目视觉。单目视觉测量系统对摄像机的参数标定和校准也相对简单，但对深度信息的恢复能力较弱，主要用于解决空间结构已知目标的测量问题。当目标的空间结构未知时，需采用双目视觉测量系统计算位姿。双目视觉测量系统使用两台摄像机阵列同时对验证器上的标志点进行图像采集，再通过空间交会获得合作标志点在试验场坐标系下的三维坐标，最后根据验证器上的标志点在验证器坐标系和试验场坐标系下的坐标，通过绝对定向获得待测目标运动过程中的相对位姿参数。多目视觉测量是使用多台摄像机对目标物体进行测量，一般以双目视觉测量为基础，主要应用在一些视场较大或存在复杂遮挡的情景。测量时，需要在空间内布置多台摄像机，使摄像机测量范围覆盖整个测量区域，或在目标和基准系之间放置多台摄像机，构成摄像机链路传递[8-9]。

1）静态高速摄像测量系统的标定。

在摄像测量中，为了从图像中定量提取、测量空间物体的几何信息和运动信息，必须建立图像中像点位置和空间物体点位置的相互对应关系，而这种对应关系由摄像系统成像模型及摄像机参数决定。摄像测量系统标定是摄像测量非常基本和重要的工作之一，由于摄像测量系统的内外系统参数的微小误差在测量结果中可能被放大成千上万倍，因此要想高精度测量，必须要对摄像测量系统进行高精度的标定。

摄像测量系统中摄像机标定的任务是通过试验和计算确定摄像机参数，包括内参数、外参数和像差系数。一般通过经纬仪、准直光管、标定试验场等专用设备和场所进行摄像测量系统标定。由于在探测器悬停、避障、缓速下降及着陆试验中，待测目标体积较大且其运动范围也较广，根据试验现场提供的标定条件且考虑标定工作实施的方便性，基本均采用基于控制点的摄像机参数标定方法。基于控制点的摄像机参数标定方法是利用空间坐标精确已知的合作标志点标定摄像测量系统参数的方法，该标定方法也是最经典和最常用的摄像机标定方法。这类摄像机标定方法在实际操作时需要先构造若干个合作标志点，然后用待标定的摄像机采集这些标志点的图像并提取其像点，最后根据标志点的空间坐标和对应像点的图像坐标计算摄像机的参数[10]。

由于不同的测量场合中控制点允许的布设点数、布设形式及能获取的先验标定信息不同，导致针对不同的测量场景需采用不同的基于控制点的标定方法。根据所需标定合作标志点的点数、要求控制点的空间分布形式及是否需要事先已知摄像机内参或者光心位置，可以将摄像机参数初值标定方法分为以下 6 种[11]。

①异面 6 点法（同时标定内外参初值）。

②已知光心的非共线 4 点法（同时标定内参及姿态初值）。

③已知内参的异面 6 点法（标定外参初值）。

④已知内参的共面 4 点法（标定外参初值）。

⑤已知内参的非共线 3 点法（标定外参初值）。

⑥已知光心和内参的不与光心共线 2 点法（标定姿态初值）。

在对静态高速摄像测量系统中的摄像机进行标定时，若现场实施条件满足要求，一般采用异面 6 点法，这也是试验实施中采用且使用时最简单的方法。当摄像机视场内存在 6 个以上异面控制点时，就可以线性求解摄像机投影矩阵的 12 个元素，并从中分解出内外参初值。

2) 静态高速摄像测量方法。

静态高速摄像测量方法包括基于同名点的双目位置姿态测量及基于非同名点的双目位置姿态测量。

①基于同名点的双目位置姿态测量。

基于同名点的双目位置姿态测量原理如图 4 - 10 所示。其中，$O_1X_1Y_1Z_1$ 为摄像机 1 坐标系，$O_2X_2Y_2Z_2$ 为摄像机 2 坐标系，$O_wX_wY_wZ_w$ 为试验场坐标系，$O_mX_mY_mZ_m$ 为目标坐标系（验证器本体坐标系），$\boldsymbol{R}_{cw1}$、$\boldsymbol{T}_{cw1}$ 分别为摄像机 1 坐标系相对于试验场坐标系的旋转矩阵和平移向量，$\boldsymbol{R}_{cw2}$、$\boldsymbol{T}_{cw2}$ 分别为摄像机 2 坐标系相对于试验场坐标系的旋转矩阵和平移向量，$P_i(i=1,2,3)$ 为目标合作标志点，$P_{i,j}(i=1,2,3;j=1,2)$ 为目标合作标志点 i 在摄像机 j 中的成像点。若用两台摄像机同时对物点 P_i 采样，则可确定点 P_i 在这两台摄像机投影面上的投影点 $P_{i,1}$ 和 $P_{i,2}$，空间点 P_i 可通过 O_1P_i 与 O_2P_i 的交点唯一确定，简称为线线交汇，这也是双目立体视觉的几何原理。

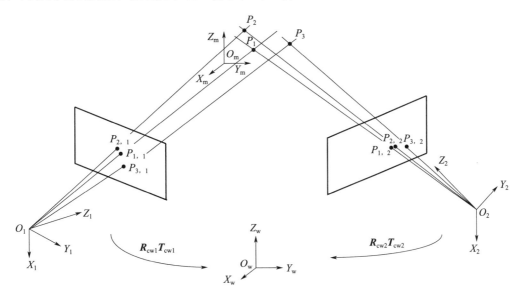

图 4 - 10　基于同名点的双目位置姿态测量原理

基于同名点的双目位置姿态测量系统要求 2 台摄像机的公共视场内有 3 个以上目标合作标志点。试验时，2 台测量摄像机被架设在试验场的空地上，调节其视场使其可观测到标定合作标志点且在验证器整个运动过程中。该测量要求有时会导致待测目标的运动范围和姿态受限，或对摄像机机位的架设有较高要求，因为当姿态运动范围太大时，可能导致摄像机公共视场内同名点数量不够。为解决上述问题，可采用双摄像机联合解算方法测量验证器相对于试验场坐标系的位置和姿态等运动参数。

在试验实施过程中，通过无线同步控制器触发 2 台测量摄像机同步采集验证器运动过程的图片。采图完毕以后，按以下流程解算验证器运动过程中目标坐标系相对于试验场坐标系的相对位置姿态。

a. 根据标定合作标志点在试验场坐标系下的空间坐标，并结合其在图像中的像点坐标，采用适当的标定方法标定 2 台测量摄像机的内参数、外参数（相对于试验场坐标系）及像差系数。

b. 采用手动提点方式提取目标合作标志点在 2 台摄像机采集的首帧图像上的像点坐标。

c. 采用基于模板相关和光流法结合的跟踪方法跟踪后续每张图片中目标合作标志点的成像点并获得其像点坐标。

d. 采用人工辨别方法对每一图像采集时刻 2 台摄像机采集到的目标合作标志点的像点坐标进行匹配。

e. 根据步骤 c、d 获取的 2 台摄像机采集到的目标合作标志点（同名点）在每个图像采集时刻的像点坐标，结合步骤 a 计算得到的测量摄像机的内参数、外参数及像差系数，通过空间交会方法可获得每个图像采集时刻目标合作标志点在试验场坐标系下的三维坐标。

f. 根据步骤 e 获得的目标合作标志点在试验场坐标系下的坐标和其在目标坐标系下的三维坐标，结合步骤 a 计算得到的 2 台测量摄像机的内参数、外参数及像差系数，通过绝对定向可解算得到目标坐标系与试验场坐标系的相对位姿初值，再采用光束法平差方法对该值进行优化，即可计算出验证器在运动过程中相对于试验场坐标系的旋转、平移关系。

在获取相对旋转平移关系后，一般采用欧拉角表示坐标系的旋转和平移关系。令目标坐标系 $O_m X_m Y_m Z_m$ 先绕 Z 轴旋转 A_z，再绕当前的 X 轴旋转 A_x，最后绕当前的 Y 轴旋转 A_y，则旋转矩阵 $\boldsymbol{R} = \boldsymbol{R}_y \boldsymbol{R}_x \boldsymbol{R}_z$。其中，$\boldsymbol{R}_x$、$\boldsymbol{R}_y$、$\boldsymbol{R}_z$ 分别由 A_x、A_y、A_z 确定。

基于同名点的双目位置姿态测量首先需要进行同名点的匹配。在试验时，由于成像距离较远，为便于区分合作标志点，目标合作标志点一般选用对比度较强的黑白对角标志点，该标志点为非编码标志点。为简化数据处理流程，数据首帧图片同名点匹配方法为人眼辨别同名点后再手动提取。在完成同名像点的匹配后，若要获得目标合作标志点所在的目标坐标系相对试验场坐标系的位置姿态关系，必须首先获得目标合作标志点在试验场坐标系下的坐标，而目标合作标志点在试验场坐标系下的坐标可通过空间立体交会方式获得。

②基于非同名点的双目位置姿态测量。

基于非同名点的双目位置姿态测量原理如图 4－11 所示，其中坐标系及各符号定义与图 4－10 一致。试验前，在验证器（待测目标）上布设目标合作标志点，2 台测量摄像机布设在试验场的空地上。采用适当的标定方法获得 2 台摄像机的内参数、像差系数和其相对于试验场坐标系的外参数和光心位置坐标。

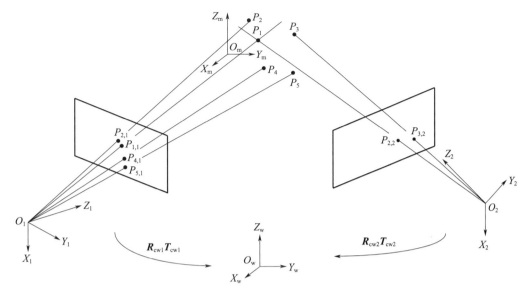

图 4-11　基于非同名点的双目位置姿态测量原理

基于非同名点的双目位置姿态测量方法要求 2 台摄像机一共可观测到 6 个以上目标合作标志点。为标定 2 台测量摄像机的内参数、外参数、光心位置坐标（相对于试验场坐标系）及像差系数，需要在试验场周围的塔架上布设若干标定合作标志点，并通过全站仪打点和坐标转换获得其在试验场坐标系下的三维坐标。试验时，2 台测量摄像机被架设在试验场的空地上，调节其视场使其可观测到标定合作标志点，且在验证器整个运动过程中的每一时刻均可观测到 6 个以上目标合作标志点。

在试验实施过程中，通过无线同步控制器触发 2 台测量摄像机同步采集航天验证器运动过程的图片。采图完毕以后，按以下流程解算航天验证器运动过程中目标坐标系相对于试验场坐标系的相对位置姿态。

a. 根据标定合作标志点在试验场坐标系下的空间坐标并结合其在图像中的像点坐标，采用基于异面控制点的标定方法标定 2 台测量摄像机的内参数、外参数、摄像机光心位置坐标（相对于试验场坐标系）及像差系数。

b. 采用手动提点方式提取目标合作标志点在首帧图像上的像点坐标。

c. 采用基于模板相关和光流法结合的跟踪方法跟踪后续每张图片中目标合作标志点的成像点并获得其像点坐标。

d. 根据 2 台摄像机分别采集到的目标合作标志点的像点坐标和其在目标坐标系下的三维坐标，结合步骤 a 计算得到的 2 台测量摄像机的内参数、外参数及像差系数，采用双摄像机联合无同名点位置姿态解算方法解算得到相对位置姿态初值，再对该值进行正交迭代优化，即可计算出航天验证器在运动过程中相对于试验场坐标系的旋转、平移关系。

e. 该测量方法采用欧拉角表示坐标系的旋转。令目标坐标系 $O_m X_m Y_m Z_m$ 先绕 Z 轴旋转 A_z，再绕当前的 X 轴旋转 A_x，最后绕当前的 Y 轴旋转 A_y，则旋转矩阵 $\boldsymbol{R} = \boldsymbol{R}_y \boldsymbol{R}_x \boldsymbol{R}_z$。其中，$\boldsymbol{R}_x$、$\boldsymbol{R}_y$、$\boldsymbol{R}_z$ 分别由 A_x、A_y、A_z 确定。

（2）准高速光学跟踪测量技术

光学跟踪摄像测量技术属于动态摄像测量，与静态高速摄像测量有所不同。针对大尺度运动目标的运动参数测量问题，在使用静态测量系统进行测量时，由于摄像机的成像靶面固定，在镜头焦距不变的情况下，其空间分辨率也固定不变，当测量距离较远时，保持一定的摄像机视场角，则摄像机的空间分辨率就会增大，当摄像机空间分辨率达到一定值时，图像会变得模糊，可能无法满足测量的精度要求，且并非所有的试验场都存在足够多的可满足标定精度要求的标定合作标志点。例如，在探测器悬停、避障、缓速下降及着陆试验的点火工况，由于试验存在危险性，为保障设备操作人员和仪器设备的安全性，测量设备在架设时需与待测目标保持较远的安全距离。因此，针对远距离运动目标的运动参数测量问题，可采用准高速光学跟踪测量技术。

准高速光学跟踪测量系统（如采用光电经纬仪测量）一般是将测量摄像机固定安装在可提供精确转角的二维旋转平台上，其中测量摄像机采用长焦距镜头，可缩小摄像机的空间分辨率，其参数通过辅助设备测量获取。二维旋转平台为三轴（垂直轴、水平轴、视准轴）地平装置，三轴相交且互相垂直，交点为旋转中心。旋转平台测量得到的方位角和俯仰角即是视准轴的方向，摄像机光心与二维旋转平台旋转中心重合且摄像机光轴与视准轴重合，简称同心同轴，这也是光电经纬仪的工作原理。但是，同心同轴的条件需要精密的安装测试才能实现，这导致光电经纬仪设备体积较大，安装困难且维护成本高，因此其一般只在靶场对远距离目标跟踪拍摄时使用。结合固定式和跟踪式的测量特点，在地外天体着陆与起飞各项试验中采用摄像机与普通二维旋转平台组成的准同心广义经纬摄像机。准同心广义经纬摄像机并没有光电经纬仪严格的同心同轴安装要求，在未知光心光轴的情形下只需尽可能接近同心，即可完成系统标定和测量[12]。

1）准高速光学跟踪测量系统的标定。

利用跟踪式摄像测量系统测量运动目标相对于试验场坐标系的运动姿态参数时，需要将摄像机安装在二维转台上。在标定摄像机参数时，首先需采用类似手眼定标的方法来标定摄像机与二维转台的相对关系。手眼定标方法源于眼在手上的机器人系统的应用，摄像机平台可以连同所安装的摄像机做运动参数精确已知的可控运动，则可通过机器人手眼定标的方法来标定摄像机相对于摄像机平台坐标系的位置姿态参数。其中，摄像机是手眼标定系统中的"眼"，机器人的末端执行器是手眼标定系统中的"手"，摄像机固定安装在末端执行器上，末端执行器的运动可控，只需要标定摄像机与末端执行器之间的相对位置姿态关系。准高速光学跟踪测量系统采用的手眼定标位置姿态关系如图 4 - 12 所示。

图 4 - 12 中，W 为标定参考坐标系，是基于标定参考物（在此处为试验场坐标系）由摄像机在 N 个方位采集标定参考物的图像而建立的；P_0 和 C_0 为初始位置时摄像机平台坐标系和摄像机坐标系；P_i 和 C_i 为第 i（$i=1, \cdots, n-1$）个位置时摄像机平台坐标系和摄像机坐标系。摄像机平台系的运动精确已知，因此描述两次不同位置摄像机平台系的相对位置姿态关系可以用旋转矩阵 $\boldsymbol{R}_{P_i, P_{i+1}}$ 和平移向量 $\boldsymbol{T}_{P_i, P_{i+1}}$。摄像机相对于标定坐标系的外参数 R_{WC_0}、T_{WC_0} 和 R_{WC_i}、T_{WC_i} 通过采集标定参照物图片进行摄像机标定就可得到；不

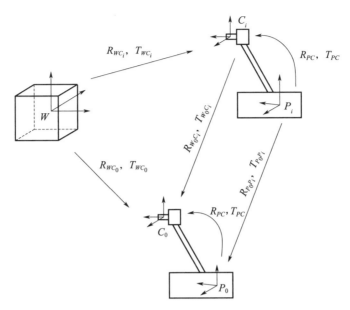

图 4 - 12　准高速光学跟踪测量系统采用的手眼标定位置姿态关系

同位置摄像机之间的相对位置姿态关系可用旋转矩阵 $\boldsymbol{R}_{C_0C_i}$ 和平移向量 $\boldsymbol{T}_{C_0C_i}$ 来描述，并且任意位置摄像机与转台之间的相对关系固定。

在试验中，试验转台固定调平，摄像机固定在转台上，转台只绕其转轴中心转动，摄像机光心在转轴中心附近，因此可认为其平移向量 $\boldsymbol{T}_{P_iP_0}$ 为（0，0，0）。由于转台可提供精确的俯仰角和方位角，因此旋转矩阵 $\boldsymbol{R}_{P_iP_0}$ 为已知。若摄像机一次能拍摄到的图像中包含足够标定摄像机内外参数的标定合作标志点，一般为 6 个以上异面控制点，则两次不同位置摄像机通过拍摄标定合作标志点便可分别解算出两次图像采集时刻摄像机坐标系与标定参考坐标系的关系。

由于准高速光学跟踪测量系统中的摄像机安装的是长焦镜头，摄像机视场有限，因此摄像机视场内标定合作标志点的数量很难满足标定算法的要求；另外，在使用多台（2 台以上）经纬摄像机进行交会测量时，仅完成手眼标定还不够，还需要知道平台相对于试验场坐标系的相对位置和姿态关系。根据实际的测量需求，以单个控制点及其对应像点为结构直接建立关于经纬摄像机参数的共线约束关系，从而实现测量标定。

2）准高速光学跟踪测量系统的实现。

在完成准高速光学跟踪测量系统中的摄像机参数标定后，采用基于同名点的双目位置姿态测量方法即可求解出每一图像采集时刻待测目标相对于试验场坐标系的相对位置姿态关系。

准高速光学跟踪测量系统的架构如图 4 - 13 所示。其采用分布式系统进行布置，由实时控制服务器控制协调整个测试过程。3 个转台工作站独立实现对目标的跟踪和图像采集，并向实时控制服务器发送数据。服务器与转台工作站之间通过光纤实时网进行联通。

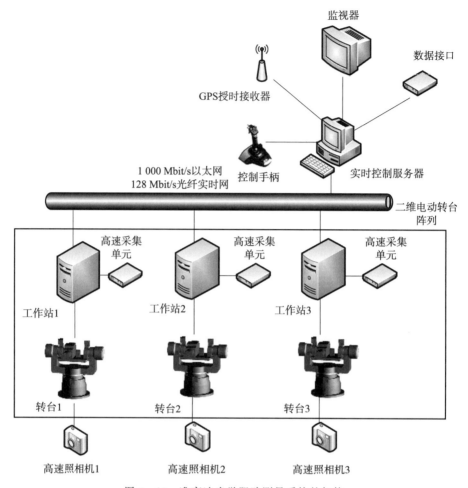

图 4 - 13　准高速光学跟踪测量系统的架构

　　其中，每套转台跟踪测量系统由综合控制单元、视频跟踪单元、图像采集和处理单元、二维电动转台控制系统、二维电动转台和高速摄像机组成，如图 4 - 14 所示。

　　视频跟踪单元通过视频传感器获取目标图像，通过对图像的分析识别出图像的位置，通过计算得到目标与跟踪系统光学轴线的相对角位置偏差量，并通过数据总线将偏差量发送给跟踪控制系统。图像采集和处理单元通过高速图像采集卡采集准高速摄像机的图像数据，将图像数据保存起来，并进行所需要的处理。视频跟踪单元和图像采集单元在二维电动转台本地工作站安装并运行，其工作原理如图 4 - 15 所示。

　　二维电动转台控制系统根据相对角位置偏差量、自身角位置等状态，经过运算，计算出电动机的控制量，通过伺服驱动器放大后，驱动电动机转动。二维电动转台是视频伺服系统的执行机构，由力矩电机驱动，安装光电编码器作为位置反馈，并提供摄像机等传感器的安装接口。为了实现跟踪，还需配置跟踪信标，是安装在被跟踪目标上的一些信号标志，用于为视频跟踪器提供明显的特征标示，并且通过测量，标识出目标的几何中心。

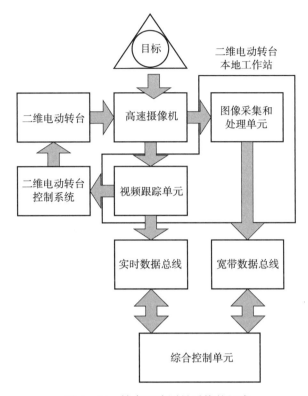

图 4 - 14　转台跟踪测量系统的组成

4.2.2　其他测量技术

（1）地貌高程测量技术

在试验中需要对模拟月貌区或火星模拟地貌区等模拟地貌区进行三维数字重建，提供数字高程图。

采用激光扫描方式对模拟地貌区进行三维数字重建，精确测量模拟地貌的高程数据，完成模拟地貌区的多视角图像的特征点提取与匹配，并提供数字高程图。

相应的地貌高程测量系统由硬件设备和数据处理软件组成。其中，硬件设备包括激光三维扫描仪、图像处理计算机及地面辅助标定装置，测量时通过操控激光三维扫描仪对模拟地貌区域进行成像，通过数据处理软件根据图像特征匹配结果进行三维解算，最后生成模拟地貌的数字高程图。

（2）着陆冲击测量技术

着陆冲击测量系统主要用于测量验证器着陆试验中的力、加速度等物理量，主要由传感器和数据采集设备组成。

1）传感器。

传感器主要包括加速度传感器和三向拉压力传感器，其主要性能指标如下。

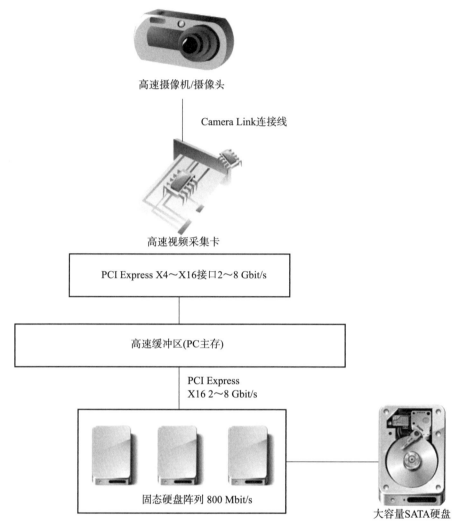

图 4 - 15　视频跟踪单元和图像采集单元工作原理

① ICP 压电加速度传感器。

a. 频率响应：0.3~5 000 Hz。

b. 量程：±100 g。

c. 精度：1.5%。

②三向拉压力传感器。

a. 力测量范围：X 向、Y 向≤30 kN，Z 向≤50 kN。

b. 频率响应范围：X 向、Y 向为 1~1 900 Hz，Z 向为 1~4 000 Hz。

2) 数据采集设备。

数据采集设备必须具有可靠性高、采样精度高、存储容量大、体积小、抗振动冲击能力强、能在恶劣环境下工作等特点，其原理框图如图 4 - 16 所示。传感器信号调理之后由 ADC（模拟信号转换为数字信号的模块）进行采样，由数字信号处理（DSP）模块组件控制采样频率，并对信号进行数字滤波和预处理，采样率和滤波器截止频率均可通过以太网进行设置。为确保数据存储的安全性和实时性，采用点对点传输数据。采集数据经过FPGA（Field Programmable Gate Array，现场可编程门阵列）处理后，以以太网形式传输到地面测试计算机，并将授时信息通过以太网接口发送到 FPGA 进行处理。

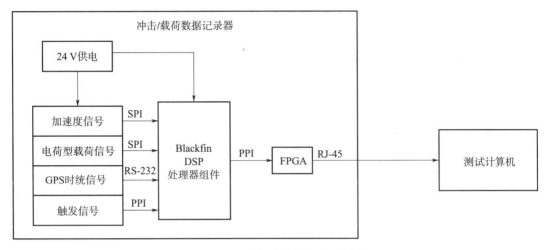

图 4 - 16　数据采集设备原理框图

数据采集设备每通道均独立进行高精度标定，标定信息可存储在装置内，信息掉电不丢失，不必因为更换控制计算机而重新标定。

（3）试验场坐标系标定技术

进行地外天体着陆起飞综合试验时，需要测量验证器相对试验场坐标系的位置和姿态。试验前测量数据作为制导、导航与控制（GNC）控制的初始参数，试验过程中摄影测量数据需给出相对试验场坐标系的结果。

为了实现试验场坐标系精确标定，在低重力模拟试验设施周边建设数个试验场基准隔振平台，并进行精测，获取大地坐标系和试验时坐标系下的坐标值，精度为 1 mm。

每个试验场隔振基准平台由 6 部分组成：全站仪测量基准、经纬仪测量基准、水平标尺、激光跟踪仪及 iGPS（室内动态测量系统）合作目标、仪器平台和隔振基座，如图 4 - 17 和图 4 - 18 所示。每个隔振基准平台均设置保护罩，以适应户外长期使用条件。

其中，全站仪测量基准作为全站仪获取试验场坐标系和天北西坐标系的基准点，能通过预先标定值对全站仪的测量精度进行校准；经纬仪测量基准作为经纬仪获取试验场坐标系和天北西坐标系的标志；水平标尺用于记录试验场的高程，并通过平行光管对其他合作目标进行标定，显示沉降程度，并对其进行调整；激光跟踪仪及 iGPS 合作目标便于激光跟踪仪及 iGPS 获取试验场坐标系；仪器平台为 iGPS 等设备提供稳定的安装位置；隔振基座为上述测量基准提供稳定平台。

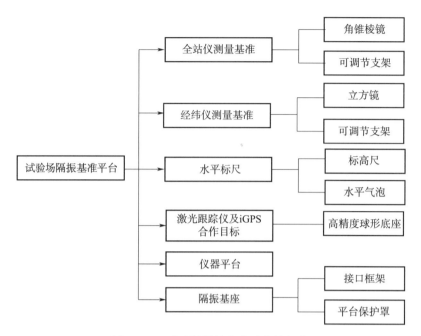

图 4-17　试验场隔振基准平台的组成

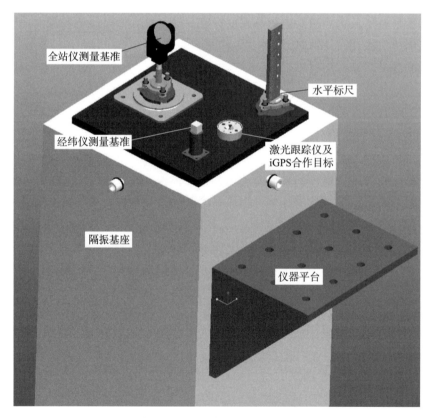

图 4-18　试验场隔振基准平台

参 考 文 献

［1］ 王晓斌，黄伟，吕智慧，等. 航天着陆试验场指挥控制系统设计与实现［J］. 航天返回与遥感，2013，34（1）：79－87.

［2］ 高媛，赵新国. 航天试验指挥自动化系统体系结构［J］. 火力与指挥控制，2003，28（6）：18－20.

［3］ 谢晓巍，高世文. 航天装备系统试验信息化建设研究［J］. 航天控制，2011，29（2）：61－64.

［4］ 成顺利，张远. 要地防空导弹飞行试验指挥显示系统的设计［J］. 火力与指挥控制，2015，40（1）：146－149.

［5］ 杨晓斌. 航天测控监控显示系统的发展及设计［J］. 飞行器测控学报，1999，18（1）：20－24.

［6］ 金晟毅，白崇延，张伍，等. 月地高速再入返回航天器时统设计及验证［J］. 航天器工程，2016，25（1）：84－89.

［7］ ANDREW E J，ANDRES H，ROBERT A，et al. Analysis of on－board hazard detection and avoidance for safe lunar landing［C］. IEEE Autonomous Control Conference，2008.

［8］ 丁少闻，张小虎，于起峰，等. 非接触式三维重建测量方法综述［J］. 激光与光电子学进展，2017，54（7）：27－41.

［9］ 于起峰，尚洋. 摄像测量学原理与应用研究［M］. 北京：科学出版社，2009：26－31.

［10］ 苑云，朱肇昆，张小虎，等. 准同心广义经纬相机的成像模型及高精度标定［J］. 光学学报，2012，21（7）：176－187.

［11］ 王骞鹏. 月球探测器运动参数高速摄像测量系统的关键技术研究［D］. 长沙：国防科技大学，2015.

［12］ 王洁，黄伟，张剑勇，等. 航天验证器运动参数摄影测量方法研究［J］. 光学学报，2021，41（3）：78－88.

第 5 章　试验保障技术

5.1　试验环保与安全防护

在验证器悬停、避障及缓速下降试验、起飞试验和着陆起飞、联合验证试验中，需要发动机真实点火以模拟在地外天体表面的实际工作过程，试验场涉及推进剂贮存、推进剂场内转运、加注、清洗、发动机点火和废液废气处理等一系列问题。目前，地外天体探测器所用的发动机一般使用甲基肼和四氧化二氮组成的双组元推进剂，具备较强的毒性，因此试验的环保及安全防护是地外天体着陆与起飞相关试验中必须关注的重要问题。

除发动机及其推进剂带来的环保与安全问题外，试验过程中还涉及高压电、静电、雷击、高空作业、起重吊装等常规的安全危险源。本章侧重描述地外天体着陆起飞试验涉及的发动机点火相关的环保与安全防护内容。

5.1.1　环保与安全性分析

（1）危险源与污染源识别

点火试验使用的推进剂包含氧化剂和燃料，氧化剂为四氧化二氮，燃料为甲基肼。在验证器发动机点火过程中，氧化剂和燃料基本完全燃烧，其产物为二氧化碳、氮气和水，对环境安全无影响；在发动机关机后，发动机管路内残留的推进剂需采用高压气从管路内吹除出来。以"嫦娥三号"悬停、避障及缓速下降为例，残余的推进剂直接同时吹除到空气中，为一次点火试验的最大排放量。

危险源主要为推进剂，污染源主要有推进剂泄漏和发动机点火噪声，如表 5-1 和表 5-2 所示。

表 5-1　主要危险源及可能导致的结果

危险源类别	可能导致的结果	
推进剂	燃烧剂泄漏	人员中毒、伤亡
	氧化剂泄漏	人员中毒、伤亡
	燃烧剂和氧化剂同时泄漏	人员中毒、起火以致爆炸
	不完全燃烧的产物	人员中毒

表 5-2　主要污染源及可能导致的结果

污染源类别	可能导致的结果		备注
推进剂	发动机排出氧化剂或泄漏	污染环境	试验前后和试验过程中，产生硝酸和亚硝酸
	发动机排出燃烧剂或泄漏	污染环境	易与空气中含氧物质反应
	试验后残余双组元推进剂	污染环境	对残余推进剂需进行洗消处理
噪声	发动机点火噪声	噪声污染	验证器点火噪声达 100 dB 左右

（2）危险性分析

1）推进剂毒性分析。

甲基肼是一种易燃有毒燃料，是一种具有鱼腥味的无色透明液体，周边空气中会有刺鼻气味，闪点和燃点约为 17 ℃。甲基肼的毒性比肼和偏二甲肼都大，在空气中的最大容许浓度为 $0.2×10^{-6}$（0.35 mg/m³），人的嗅觉阈值为 $10^{-6}～3×10^{-6}$，所以人嗅到甲基肼气味时已经超过了最大容许浓度。因此，对甲基肼进行处置时，必须穿戴防护用具。

甲基肼可以通过呼吸道或皮肤吸收中毒，误服可通过消化道吸收中毒，主要症状是上呼吸道和眼的刺激症状、发绀和呼吸困难。甲基肼主要伤害神经系统，所以强直-阵发性痉挛为其中毒主要特征。另外，甲基肼有强烈的溶血作用，可引起高铁血红蛋白血症，出现轻重不等的急性溶血性贫血，产生血尿、血色素尿和变性血红蛋白尿，同时对肾脏也有损伤，对人体是潜在的致癌物质。

四氧化二氮是一种有毒液体，沸点为 21.15 ℃。四氧化二氮主要是通过呼吸道吸入中毒，损伤呼吸道，引发肺水肿或化学烧伤性肺炎，不及时治疗可能造成死亡。皮肤接触四氧化二氮会产生严重的化学腐蚀烧伤疼痛；溅入眼睛会腐蚀烧伤，导致失明。四氧化二氮在自然环境中易分解，与空气中的水蒸气和氧气作用会产生硝酸和亚硝酸，会污染农作物等，对周边土地造成危害。我国 1973 年制定的硝基氧化剂在空气中的最高允许浓度（Maximum Allowable Concentration，MAC）中，四氧化二氮为 5 mg/m³（2.8 ppm）。

2）推进剂爆炸性分析。

在验证器进行发动机点火工况过程中，验证器有在空中发生起火、推进剂泄漏的危险，从而有可能在空中由于起火和泄漏而引起爆炸，对周围的人员和环境造成极大的危害。

按《导弹与卫星试验发射场常规推进剂库设计规范》GJB 3138A—1997[1] 中的规定：验证器内加注的甲基肼和四氧化二氮的推进剂按试验发射场发射台中心来考虑，其按推进剂总量的 10% 计算 TNT 当量。按标准规定，当推进剂爆炸物总当量质量小于 100 kg 时：

①试验发射场发射台中心到居民建筑物的爆炸安全距离，有防护墙为 72 m，无防护墙为 144 m。

②试验发射场发射台中心到公路或客运铁路的爆炸安全距离，有防护墙为 44 m，无防护墙为 88 m。

③试验发射场发射台中心到场内建筑物的爆炸安全距离，有防护墙为 16 m，无防护

墙为 32 m。

　　3）噪声污染分析。

　　液体发动机点火时会产生巨大的轰鸣声，从而造成噪声污染。发动机喷流噪声是发射场的最主要，同时也是最严重的噪声污染源，其诱因是高温高速的发动机喷流与周围空气强烈掺混，形成强大的气动噪声源，噪声的能量主要通过大涡运动从平均流动中吸取而来。噪声频率覆盖以 100~10 000 Hz，以人耳所能听到的声音为主[2]。

　　一般运载火箭和导弹发射时，发动机喷口 10 m 内噪声可达 150~160 dB。而地外天体着陆与起飞试验用的发动机的推力最大只有几千牛的量级，远小于火箭发动机的质量流量，其瞬时噪声按最大分析一般不超过 100 dB。

　　（3）验证器点火工况安全性分析

　　1）推进剂使用过程分析。

　　在理想状态下推进剂和氧化剂完全燃烧时，甲基肼和四氧化二氮燃烧产物为二氧化碳、水和氮气，没有污染气体产生。其化学方程式为

$$4N_2H_3CH_3 + 5N_2O_4 \rightarrow 4CO_2 + 12H_2O + 9N_2$$

　　在验证器发动机点火过程中，氧化剂和燃烧剂基本完全燃烧，其产物对环境安全无影响。但由于发动机在地球大气环境下工作，在发动机关机后，发动机管路内有推进剂的残留，该残余在管路内的推进剂必须采用高压气从管路内吹除出来，避免自由滴落。吹除时采用同时双路高压气吹除方式，两种推进剂从管路出来相遇后发生燃烧，未完全燃烧的部分扩散到空气中，需符合大气污染物综合排放标准。

　　2）噪声情况分析。

　　噪声主要为探测器发动机点火产生的噪声。点火试验时会产生强大气流排放，这些大流量的气体通过管道排放时，就会在管道口产生强烈的空气动力性噪声，噪声源最高可达 100 dB。点火试验每次持续时间一般不超过 1 min，且试验只在白天进行。发动机点火试验时，各厂界噪声均低于《工业企业厂界环境噪声排放标准》（GB 12348—2008）中的 2 类标准：昼间 60 dB（A）。

5.1.2　试验环保与安全措施

　　（1）低重力试验系统安全措施

　　试验过程中，验证器有可能发生紧急情况，如器上关键设备异常、发动机温度异常、无法对验证器发送指令或发生起火、泄漏等异常情况，此时需要转入应急模式。应急模式应按试验场故障预案规定执行或由现场试验总指挥来确定进入哪种模式。

　　应急模式一：立即制动，低重力试验系统携带验证器以最短时间停止运动，并保持原位不动，由现场试验总指挥按照预案规定下达指令对后续情况进行处理。此过程中，低重力试验系统可以保证和验证器可靠连接，确保验证器的位置受控，不与试验系统发生碰撞，避免验证器结构或搭载设备损坏或推进剂大量泄漏等恶性事故。

　　应急模式二：当发动机发生推进剂泄漏等紧急情况时，应立即将验证器以最快速度降

至地面进行处置。此过程中，低重力试验系统可以保证和验证器可靠连接，并且验证器不与试验系统发生碰撞。验证器落地时应保持平稳，以免造成推进剂大量泄漏、着火或爆炸，引发群发性中毒等恶性事故。

低重力试验系统设置多项安全限位措施，到达限位后试验系统自动停止运行，确保验证器在试验过程中始终处于安全高度和安全范围内。

（2）试验场消防及洗消措施

1）点火工作时的安全措施。

在发动机点火工作时，有可能发生推进剂泄漏等应急情况。为防止推进剂泄漏等导致的爆炸，或对高空泄漏的推进剂进行紧急处理，试验场应具备对高空的验证器进行消防或洗消的移动远程洗消车，并在试验当天配置消防车一辆，用于紧急情况处置，避免推进剂泄漏对周围环境和人员造成伤害。

试验时，远程洗消车根据试验工况的设置架设在模拟地表试验区外，洗消设备作用距离应不小于 40 m，可实现对验证器所处的试验区域的全覆盖洗消。洗消设备的使用点附近配置消防栓。表 5-3 为典型的移动式远程推进剂洗消设备技术指标。

表 5-3　移动式远程推进剂洗消设备技术指标

项目	指标参数
洗消液储箱容积/ m³	≥1.1
射程/ m	水平≥40
处理能力	10 kg 推进剂
洗消液	5%碳酸钠溶液
接消防水能力	具备
瞄准方式	远程摄像头瞄准
控制方式	远程控制

2）推进剂加注时的安全措施。

推进剂加注间全部采用防爆插座、防爆开关、防爆灯具、防爆空调、防爆轴流风机等防爆电气设备，可以避免在推进剂加注过程中发生泄漏时电气设备产生电火花引起爆炸。

在加注期间，为防止推进剂发生泄漏，对人员造成危害，应在推进剂加注间配置便携式推进剂气体检测设备，用于加注时对推进剂气体泄漏进行检测。氧化剂和燃料各 2 套，单套设备技术指标如表 5-4 所示。试验场还应为加注间配置足够数量的移动式推进剂洗消设备，用于加注间内的安全洗消。其主要技术指标如表 5-5 所示。

表 5-4　便携式推进剂气体检测设备技术指标

项目	指标参数（氧化剂）	指标参数（燃料）
持续工作时间/ h	＞10	＞10
传感器量程/×10⁻⁶	0~30	0~5
传感器检出限/×10⁻⁶	0.3	0.1

续表

项目	指标参数(氧化剂)	指标参数(燃料)
质量/g	350	350
防爆等级	EExdIICT4	EExdIICT4
其他	防水喷溅、耐腐蚀、带背光显示、自动识别、即插即用	

表 5 - 5　移动式推进剂洗消设备技术指标

项目	氧化剂移动式推进剂洗消设备	燃料移动式推进剂洗消设备
处理推进剂质量/kg	>1.0	>1.0
工作压力/MPa	0.5	0.5
气瓶容积/L	3	4
气瓶压力/MPa	7	12
作用距离/m	>5	>5
洗消液	10%碳酸钠溶液	10%次氯酸钠溶液
喷射剩余率(相对于储罐容积)/%	<5	<5
容积/L	25	80

若加注时发生推进剂泄漏,加注人员应立即关闭相应加注阀门,停止加注,根据泄漏情况及时使用移动式推进剂洗消设备对泄漏部位进行冲洗,故障排除后方可继续加注。洗消产生的废液经收集管道进入废液收集容器。

3) 废液处理安全措施。

针对试验期间产生的废液,在氧化剂临时贮存间、燃烧剂临时贮存间、氧化剂加注间、燃烧剂加注间、验证器质测间及清洗间均设置专用排水管路对废液进行收集。以上房间均设置两方向排水地漏,日常普通水体排入试验场雨水井,试验时废液分别通入废液池中的氧化剂处理容器和燃料废液处理容器进行中和处理。氧化剂和燃料处理容器各为不小于 5 m³ 的不锈钢容器,挖有安装坑并安装于地平面下用于收集废液。当废液处理容器装满时,将废液分流到废液池中临时储存。

其中,氧化剂临时贮存间、氧化剂加注间及清洗间中的氧化剂清洗槽的排水管路与氧化剂废液收集罐连接,燃烧剂临时贮存间、燃烧剂加注间及清洗间中的燃烧剂清洗槽的排水管路与燃烧剂废液收集罐连接。

如果遇到大量长时间的洗消,废液量特别大,超过了废液收集罐的容积,废液会直接溢出收集罐,继续存储在废液收集池中。

废液罐和废液池中收集的废液应由专业厂所使用专用废液车抽走并运输到指定地点进行统一排放处理。

4) 废气处理安全措施。

对于推进剂在加注过程中产生的废气,采用废气洗消设备进行洗消,经洗消后的废气满足废气排放标准后可以直接排放。

针对废液罐中产生的废气、氧化剂和燃烧剂,应各配置废气洗消设备进行洗消,经洗消后的废气满足废气排放标准后可以直接排放。

（3）试验场推进保障厂房措施

针对推进剂的使用和发动机点火试验需求，地外天体着陆与起飞试验的试验场应提供安全可靠的推进保障厂房。

推进保障厂房主要由氧化剂临时贮存间、燃烧剂临时贮存间、氧化剂加注间、燃烧剂加注间、气源间、验证器质测间、加注设备清洗间等房间及废液收集池组成。其建筑布局及管路关系如图 5-1 所示。

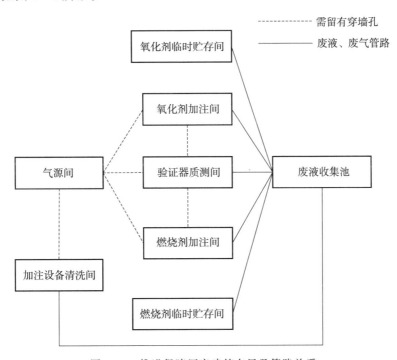

图 5-1　推进保障厂房建筑布局及管路关系

燃烧剂临时贮存间建设为三面防爆墙，剩余一面用于爆炸时泄爆；其他房间均为普通房间设计和建设，废液收集池按推进剂废液收集要求进行建设[3,4]。

氧化剂临时贮存间、燃烧剂临时贮存间、氧化剂加注间、燃烧剂加注间、验证器质测间需满足推进剂贮存或使用时温度 5～20 ℃、相对湿度≤85％的环境要求；同时，为防止屋内有害气体浓度累积超标，以上房间均需设置恒温恒湿空调及强排风设施，以对屋内空气进行换气。

根据各建筑与推进剂在使用时对应流程和危险源的情况，需要注意满足相应的防爆要求，具体如下。

1）防爆空调。防爆轴流风机：氧化剂临时贮存间、燃烧剂临时贮存间、氧化剂加注间、燃烧剂加注间、验证器质测间内使用的空调均为防爆型空调及防爆型轴流风机。

2）插座、灯具、开关防爆：氧化剂临时贮存间、燃烧剂临时贮存间、氧化剂加注间、燃烧剂加注间和验证器质测间共 5 个房间的电气设备均采用防爆型插座、防爆灯具和防爆开关。

3）防爆型行车：验证器质测间中的行车主要用于验证器推进剂加注前和加注后的吊装，需要选用防爆型行车。

4）防爆摄像头和防爆监视器：氧化剂临时贮存间、燃烧剂临时贮存间中各设置一路防爆摄像头；验证器质测间中设置两路防爆摄像头，以对验证器的贮存和加注过程进行全程监控。同时，将验证器质测间中的两个摄像头信号传递到氧化剂加注间和燃烧剂加注间中，两个加注间中各放置一个显示屏显示摄像头信号，用于加注人员在加注时观察验证器状态。视频记录需能满足试验过程连续记录，并保持 90 天以上。

氧化剂临时贮存间、燃烧剂临时贮存间、氧化剂加注间、燃烧剂加注间和加注设备清洗间共 5 个房间均设置为耐酸、耐腐蚀地面，验证器质测间需采用防渗漏的防水层地面。

（4）人员安全防护措施

1）防护设备。

相关操作人员需配套防护服、防毒面具、防护手套等用具。防护用具分为重型、中型和轻型 3 类，其中重型对应与推进剂直接接触、泄漏时可对储罐、管路直接处理，中型对应较高浓度下短时间的接触，轻型对应较低浓度下的现场相关操作。试验现场可配套一定数量的中型和轻型防护用具（2+5），重型由推进系统专业人员配置。

防护设备的使用要求如下。

①推进剂操作人员必须穿戴经检验合格的防护用品、用具。

②其他操作人员应穿全棉工作服或防静电工作服。

③禁止穿带钉的鞋，禁止携带发火物品，禁止穿能够产生静电的衣服。

④推进剂操作现场应配备防毒面罩。

此外，在进行点火试验时，现场安排消防车和救护车在场边待命，进行现场应急、人员救护。

2）人员救护措施。

①氧化剂中毒：呼吸道中毒时，应立即将患者移至空气新鲜处，有条件应立即输氧，并迅速送往医院就医；皮肤接触氧化剂，应立即用水冲洗 10 min 以上，后用碳酸氢钠（碳酸钠）轻轻揉搓染毒部位，再用清水冲洗，并迅速送往医院就医；如溅入眼睛，应立即用大量清水（或生理盐水）冲洗 15 min 以上，并送往医院就医。

②燃烧剂中毒：呼吸道中毒时，应立即将患者移至空气新鲜处，服用 VB_6，有条件应立即输氧，并迅速送往医院就医；皮肤接触燃烧剂，应立即用水冲洗 10 min 以上，后用 15％乙酰丙酮的乙醇溶液反复擦洗染毒部位，再用清水冲洗，并迅速送往医院就医；如溅入眼睛，应立即用大量清水（或 2％硼酸水）冲洗 15 min 以上，并送往医院就医。

5.2　总装测试与地面转运保障

地外天体着陆起飞综合试验过程中，需要具备验证器总装测试、地面转运及试验现场作业相关的保障。对于总装测试，除了配置相应的测试厂房和供配电保障外，还需对验证器进行加注前后的质测。对于地面转运及试验现场作业，需要提供验证器在试验场内的安全转运保障，因此需配置专用转运车，以及通用的叉车、电动拖车等设备；需要提供验证器在试验场内进行试验准备所需的作业平台，尤其是高空作业设备。此外，对于起飞试验，部分工况不需要着陆器与上升器的组合体参试，而是单独对上升器进行验证，则需要提供起飞平台用于专项的起飞工况试验。通过配置合理的总装测试与地面转运保障，确保地外天体着陆起飞综合试验安全可靠实施，并提高试验流程的合理性，提升试验效率。本章对主要的总装测试与地面转运保障内容进行介绍。

5. 2. 1　质量特性测试设备

质量特性测试设备用于验证器质量、质心、转动惯量等质量特性参数的测量，确保验证器的质量特性参数满足试验要求，充分保证试验的可信度与有效度。质量特性测试设备主要由主机、支架、质量与质心测量系统、测控电气系统、分析软件等组成。

质量特性参数测量，其质量、质心的测量一般采用 3 个或多个称重传感器直接测量，再依据静力平衡公式计算得到。从原理上分析，转动惯量测量都是通过转动定律测量出物体自身的振动频率，进而计算物体转动惯量的大小。为了使物体能够自由振动，大多会对物体施加一个初始力矩使物体扭振。为了尽可能真实地反映原理，如何保证所提供的力矩是线性变化的，扭振时的摩擦力矩尽可能小是转动惯量测量的关键[5-6]。

其具体计算均采用普通的力学原理，质心计算采用静力平衡公式，转动惯量计算采用圆周摆动方程，推导出转动惯量与摆动周期的关系。只有旋转一周计算质心时才采用特殊的数学处理手段。

以我国探月着陆起飞试验场配置的质量特性测试设备为例，不需要测量验证器的转动惯量，仅需测量质量和质心。但由于验证器要加注推进剂而不能翻转，因此质量特性测试设备相对常规有所不同，采用了可回转、可倾斜的工装台方案，如图 5 - 2 所示。

5. 2. 2　转运车及转运设备

（1）验证器转运车

基于参试验证器的独特构型，需要设计专用的转运车，用于完成验证器地面验证试验，实现验证器在试验场内的存放、装配、不同工位之间的转移功能。

以为某型着陆验证器配置的转运车为例，转运车主要由拉杆、法兰、车架、支脚、脚轮 5 部分组成，整体结构外形如图 5 - 3 所示，转运车与着陆验证器整体连接形式如图 5 - 4 所示。

法兰对接面为转运车与验证器的安装配合部位，其高度需满足总体对转运车的外形尺寸设计要求。转运车需具备较好的通过性，除了适应试验场地平坦的水泥路面外，还需确保满足最大坡度 10° 的行使能力。

拉杆作为牵引转向机构，用来牵引转运车。需要注意的是，拉杆应满足绝缘要求，一

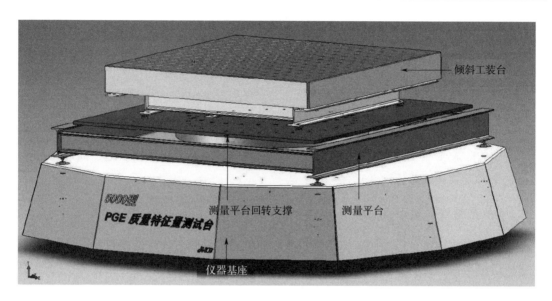

(a) 设备整体构造

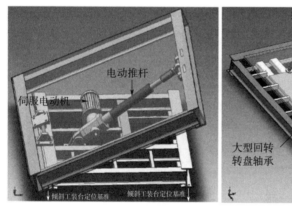

(b) 工装台倾斜方案

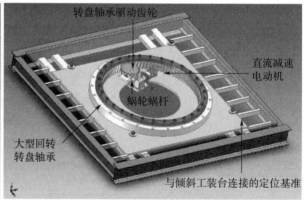

(c) 工装台回转方案

图 5-2　质量特性测试设备方案

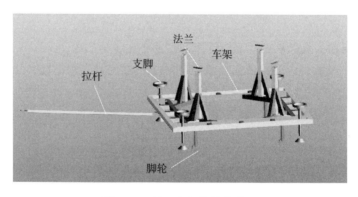

图 5-3　转运车整体结构外形

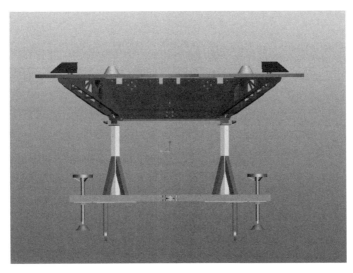

图 5 - 4　转运车与着陆验证器整体连接形式

般在拉杆结构中的拉环上套有一层绝缘橡胶软管。

　　法兰上的孔按照与着陆验证器连接接口的要求进行设计，采用若干螺栓固定连接，对接安装过程中法兰与着陆验证器对接框间铺垫橡胶圈。着陆验证器与转运车对接过程中，通过转运车法兰盘上的定位销与着陆验证器连接面上的定位销孔配合完成对接。

　　车架用于承载着陆验证器的着陆平台结构及其上安装的设备，是转运车的主要受力部件。为了避免车架结构与验证器发动机喷管发生干涉，车架的中间部位采用空腔设计，在横梁和竖梁之间设计斜梁，同时在每根竖直梁底部增加 3 个斜支撑梁，以增加车架刚度和强度。在车架后边的横梁上安装防静电接地链条，保证着陆验证器在运输过程中转运车通过接地链始终与大地连接。

　　转运车前面 2 个脚轮为万向脚轮，后面 2 个脚轮为单向脚轮，为了最大程度上减震，在脚轮连接板与车架之间安装橡胶板。表 5 - 6 为改型转运车的脚轮规格参数，可供参考。

表 5 - 6　改型转运车的脚轮规格参数

项目	参数
轮子外径/mm	250
轮宽/mm	60
脚轮座尺寸/mm×mm	175×140
脚轮安装孔向距/mm×mm	148/132×111/99
脚轮座安装孔尺寸/mm	14
震动吸收性/mm	30
脚轮座与轮子中心距/mm	78～92
全高/mm	362
使用温度/℃	−10～＋90

续表

项目	参数
允许荷重/1 个/kg	1 350
允许荷重/4 个/kg	5 400
脚轮转速/(km/h)	≤20

为了使转运车在停放或安装仪器时能进行锁定和微调，转运车设计有支脚。支脚主要由手轮、支脚杆、支脚连接杆、支脚底和支脚底盖组成。支脚的支脚杆与轴筒采用螺杆螺母副传动的形式，将轴筒焊接到支脚连接板上，通过旋转手轮，使支脚上下移动；支脚杆通过手轮进行调节，支脚杆与手轮通过平键连接，转运车行驶前将通过旋转手轮将支脚升起，防止转运车行驶过程中支脚与地面接触。

试验场地为平坦水泥路面，行驶过程中最大坡度不大于 10°。转运车是否满足坡路行驶状态，可通过对转运车的接近角和离去角进行分析说明，如图 5-5 所示。

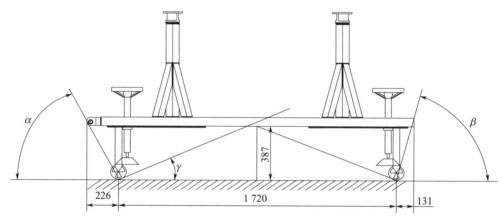

图 5-5　转运车适应坡度相关角度分析

α— 接近角；β— 离去角；γ— 中心角

根据图 5-5 中相关尺寸计算，可得：α=59.7°，β=71.3°，γ=24.2°，均大于最大坡度的 10°。因此，转运车在转运着陆验证器时不会触碰地面，转运车设计指标满足试验转运条件。

（2）转运设备

着陆起飞综合试验过程中需要配置一些通用的转运设备，主要包括叉车、电动牵引车等。

1）叉车。

着陆起飞综合试验中可配置电动平衡重叉车及柴油平衡重叉车，采用钢叉作为转运托盘，通过液压机构驱动钢叉移动，从而托起货物。叉车采用后轮转向方式，使车辆可以原地旋转。

其中，电动平衡重叉车在总装厂房、库房、质测间及总装修配大厅内使用，主要针对较大零部件及工装设备，完成如下任务：完成验证器零部件的安全、快速搬运；完成验证器相关工装设备的安全、快速搬运；完成验证器相关产品及工装设备的合理调配与安置，弥补总装厂房内吊钩桥式起重机在操作空间上的限制。

柴油平衡重叉车主要在外场试验时使用，主要针对外场复杂的试验环境，完成试验场相关设备、配套产品的安全、快速搬运。柴油平衡重叉车通过柴油提供动力源，提升车辆行走能力。

2）电动牵引车。

电动牵引车用于完成验证器在厂房、试验场区、库房及质测间的安全往返转运工作，同时可以完成测试设备等随验证器的转运，是试验参试产品、部组件的主要运输设备，应具备防爆功能。防爆型电动牵引车通过蓄电池驱动转运设备移动，转运设备具备承载功能，能够承载 3 t 以上产品、部组件进行场内运动，具备牵引力 20 t；同时，转运设备具备拖挂结构，可以通过拖拽方式牵引较大的部组件移动。

5.2.3　高空作业设备

地外天体着陆起飞综合试验过程中，需要配置高空作业设备用于试验时人员开展相关操作，一般配置 3 种类型的设备组合使用。其主要原因一方面是需根据试验总装测试操作时不同的产品、设备质量需求和高度需求进行不同配置，如用于大型零部件的平台伸展高度较低，不适用于小型零部件较高安装高度的要求；另一方面，试验时在室内室外均会涉及高空作业设备的需求，在室内使用的高空作业设备需有较灵活的机动性，占地空间小，而在室外使用的高空作业设备一般需较大的伸展空间。3 类高空作业设备包括曲臂式高空作业保障设备、剪式高空作业保障设备及桅杆式高空作业保障设备。

（1）曲臂式高空作业保障设备

曲臂式高空作业保障设备采用电动曲臂高空作业平台，用于试验场内验证器产品安装、试验塔架相关操作等。曲臂式高空作业平台结构紧凑，强度高，具有伸缩臂，工作台既能升高又可延伸，还可 360°旋转，能够跨越一定的障碍或在一处升降进行多点作业。一般曲臂式高空作业平台可通过地面和高空操作台两个控制台进行操作，且具备安全保护措施。

（2）剪式高空作业保障设备

剪式高空作业保障设备采用剪式结构组成升降平台，用于验证器产品安装、总装，以及厂房内高空作业，如图 5 - 6 所示。剪式高空作业保障设备收缩后体积较小，可以有效减小设备存放空间并在狭窄过道中行驶；具备可折叠、可延伸护栏，所有动作异常均可提供报警，具有安全绳固定点。

（3）桅杆式高空作业保障设备

桅杆式高空作业保障设备采用桅柱结构完成平台升降功能，产品尺寸小巧，能够进入难以到达的区域，如图 5 - 7 所示。桅杆式高空作业保障设备具备多功能铰链小臂，可提供更大的水平伸距和跨越高度；具备近 360°旋转桅杆，可避开高空多个障碍物。

图 5 - 6　剪式厂房内作业保障设备　　　　　图 5 - 7　桅杆式高空作业保障设备

5. 2. 4　起飞试验平台

地外天体探测器起飞上升试验的核心是模拟从地外天体表面起飞过程中上升器受到的各种干扰作用（重点是扰动力矩），同时模拟起飞过程的运动特征，主要用以考核上升器的稳定起飞，即起飞过程中与着陆器的干涉情况及飞行一定时间后是否满足与 GNC 的交接班条件[7]。起飞上升试验一般规划有着陆上升组合体试验工况及上升器单器试验工况，对于单器工况，需要提供起飞试验平台，为上升验证器起飞上升试验提供初始支撑条件，并具备一定的防烧蚀能力。

（1）起飞试验平台的系统组成

以我国探月工程三期着陆起飞综合试验为例，起飞平台主要由钻取筒模拟件、平台面、主体结构、锁止装置、平台面水平调节装置、拖车拉杆和液压系统（液压顶杆）组成，如图 5 - 8 所示。

（2）起飞试验平台的功能

起飞试验平台主要承载上升验证器及其附属设备的静载荷及起飞时发动机反推力的作用，其各部分的主要功能如下所述。

1）钻取筒模拟件模拟试验时对上升验证器起飞姿态的影响。

2）平台面模拟着陆验证器上顶面，为上升验证器及钻取筒模拟件等结构提供安装接口。

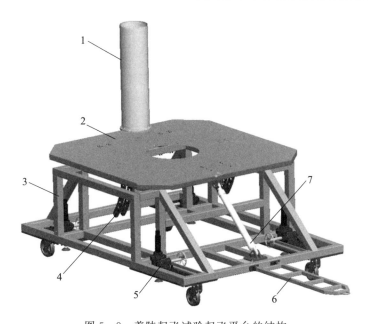

图 5 - 8　着陆起飞试验起飞平台的结构

1—钻取筒模拟件；2—平台面；3—主体结构；4—锁止装置；5—平台面水平调节装置；
6—拖车拉杆；7—液压系统

3）主体结构是整个起飞试验平台的支撑主体，为其他设备提供有效的安装空间和接口。

4）锁止装置是当起飞试验平台调整到上升验证器初始起飞姿态所要求的角度时，为了防止起飞试验平台意外复位而设计的位于平台面与主体结构之间的支撑结构，起到支撑、锁止的作用。

5）平台面水平调节装置主要用来承载试验过程中的全部载荷；其次用来调节平台面初始水平度，使平台面处于水平状态，以满足液压系统角度调节初始零位要求。

6）拖车拉杆主要用于拖动起飞平台，以便在试验场内转运、停放。

7）液压系统（液压顶杆）主要用来调整平台面与水平面的夹角，满足上升验证器初始起飞姿态对角度的要求。

（3）结构设计

起飞试验平台主体结构及平台面均采用立体框架式设计。该种设计不仅能保证整体结构的结构强度、刚度和稳定性，并且能减小质量和生产加工成本，同时能够为其他设备零件的安装提供有效空间和结构支撑点。同时，为了保证试验时平台面的水平度，即在 $+Y$、$-Y$、$+Z$、$-Z$ 方向高度可调节，在主体结构设计时通过在主体结构上加装 4 个高度可调支脚，即可实现初始状态（平台面角度为 0°）时平台面相对水平面的角度要求。平台面是整个起飞平台的关键部件，通过调整平台面与水平面的夹角，可满足上升验证器对起飞初始姿态的要求。平台面结构采用框架结构，由槽钢和钢板焊接而成。由于平台面与上升验证器具有接口关系，因此在设计过程中，需要通过增加辅助梁、筋来提高平台的刚度和强度。起飞试验平台实物如图 5 - 9 所示。

(a) 起飞试验平台整体结构　　　　　　　(b) 起飞试验平台坐标标示

图 5-9　起飞试验平台实物

　　锁止结构的功能是当平台面角度达到上升验证器起飞初始姿态要求角度后，为防止平台面意外复位，将平台面锁止支撑。锁止机构主要由夹持板、止动销及止动销托组成，其结构及安装状态如图 5-10 所示。

图 5-10　锁止机构的结构及安装状态

　　（4）接口设计

　　平台面接口包括钻取筒模拟件接口、发动机喷流排导孔、上升器支架安装接口、导流装置安装接口。

　　根据总体试验技术要求，钻取筒模拟件只模拟安装位置及外形包络尺寸。在上升验证器安装状态发生变化时（相对于起飞平台坐标系），钻取筒模拟件的安装位置也随之发生变化。钻取筒模拟件通过底部的法兰及支座与平台面固定。根据技术要求，平台面上设计有上升验证器发动机喷流排导，导流孔直径为 700 mm。满足发动机点火试验在部分不安装导流装置的试验工况时，可实现对上升验证器发动机燃气流的向下排导。上升验证器通过上升器支架安装接口与平台面实现连接。导流装置在平台面的安装接口分布在与发动机喷流排导孔同心、一定分度圆直径的圆周上[8]。

（5）液压系统设计

起飞试验平台液压系统设计过程中采用高精度测量元件和自动控制元件，实现系统平稳升压/卸压过程的自动控制。液压系统对系统的输出流量和升压进行比例调节，保证平台面角度的调节过程精准、平稳、安全、可靠。

液压系统主要由液压缸、液压站及管路组成，其组成及安装状态如图 5-11 所示。液压系统的液压缸最大输出推力 80 kN，采用 10♯航空液压油，角度测量分辨率为 0.01°。

图 5-11　液压系统的组成及安装状态

液压系统采用自动控制和手动控制相结合的控制方式，并且设置有出现意外情况时使系统即刻断电、停止运行的急停开关。为了满足安全性要求，液压系统的电气设备、控制电缆、接插件等均选用具备防爆性能的产品和元件。

液压系统由压力传感器、倾角传感器采集控制信号，并传输到 PLC 控制器，控制器根据设定的参数进行数据比较和逻辑判断，并向隔爆比例换向阀、隔爆比例溢流阀自动发出控制指令，实现控制系统的升压、换向及停止。液压油经过液压泵电动机组输出，经比例溢流阀缓慢升压至设定值。此时，压力传感器检测到信号，同时 PLC 向比例换向阀输出换向信号，比例换向阀换向，开口量逐步增大至设定值，驱动液压缸活塞运动，平台开始向上翻转。当平台面翻转角度达到设定倾角时，倾角传感器发出控制信号，比例换向阀开口量逐步减小失电，平台停止运动，溢流阀卸荷。当系统压力过载时，能够自动停机卸载并发出报警信号。当系统出现故障，如系统突然掉电等意外情况时，按下系统急停按钮使系统断电停止运行，通过系统锁止功能实现液压顶杆自动锁止，可有效防止液压顶杆意外复位。即使液压系统锁止功能失效，机械锁止机构也能够防止平台面复位，保证试验安全。

（6）防护设计

起飞试验平台的防护主要包括热防护及静电防护。

热防护主要是指平台面及液压缸在上升器点火工况试验时要避免发动机高温火焰对平台面结构及液压缸造成不可恢复的烧蚀损坏。因此，在平台面表面处理时，采取了在正反面均喷涂灰色防烧蚀、耐高温（700～800 ℃）隔热涂料的防护措施。对于液压顶杆的防护措施，主要是采用耐高温（800 ℃）、防烧蚀的防火石棉布进行包裹。

起飞试验平台需要注意静电防护，以确保上升验证器的安全。在结构设计时，在平台主体结构下框架处设置了防静电橡胶拖带安装接口并安装有专用防静电拖带，其安装位置及状态如图 5-12 所示。

图 5-12　起飞试验平台防静电拖带的安装及状态

5.3　试验场气象保障

地外天体着陆起飞综合试验由于试验空间需求大，因此一般在户外实施。为了确保低重力模拟的精度，减小水平风对验证器的干扰，需要选择合适的气象条件开展试验。另外，开展试验过程中，风速数据也需要能够高精度测量，以用于试验后的数据分析。因此，地外天体着陆起飞综合试验场需提供必要的气象保障条件。

5.3.1　试验场气象保障需求

试验场气象保障的核心是气象参数监测系统，主要负责测量试验场大气环境信息，为试验提供试验场气象环境参数（包含温湿度、风向风速、气压、能见度等），并完成这些参数的存储与传输。这些参数信息可以对试验情况的判定提供重要依据。

试验场气象参数监测系统的主要功能如下。

1）具有有线、无线通信功能。

2）具有测量风向、风速功能。

3）具有测量温湿度、气压功能。

4）具有测量能见度功能。

5）具有数据采集记录功能。

6）具有提供供电单元功能。

试验场气象参数监测系统的主要技术参数要求如下。

1）风速：测量范围 0～60 m/s，精确度±0.3 m/s（0～35 m/s）。

2）风向：测量范围 0°～360°，精确度±5°。

3）大气压力：测量范围 600～1 100 hPa，准确度±0.5 hPa。

4）大气温度：测量范围－52～＋60 ℃，准确度±0.2 ℃。

5）相对湿度：测量范围 0～100%，准确度 3%；

6）能见度测量：测量范围（MOR）10～2 000 m，准确度±10%。

7）工作环境：－40～＋60 ℃。

5.3.2 试验场气象参数监测系统

（1）系统组成

气象参数监测系统集气象数据采集、显示、传输和管理于一体，主要由前端气象监测系统、数据传输系统、终端显示系统 3 部分组成，如图 5-13 所示。

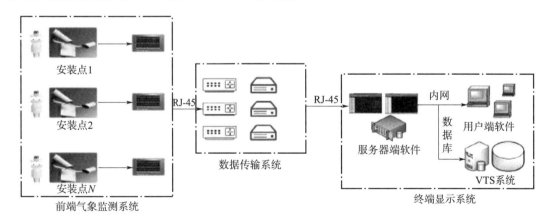

图 5-13 气象参数监测系统的组成

前端气象监测系统可同时监测风速、风向、大气温度、相对湿度、大气压力、能见度等数据；数据传输系统基于用户端，打通数据传输链路，将监测数据实时传输至服务器；终端显示系统位于服务器端，可实时显示、查询、存储气象数据，具备远程数据分享、查看、调试等功能。

以火星着陆试验综合试验场为例，为实现监测试验场的气象环境，根据现场情况，在低重力模拟试验平台主体结构的 2 根柱腿上，从 7～210 m 高度之间每 7～21 m 设置一组共计 17 组测量单元,配置六参数气象仪、能见度监测仪、数据采集器、太阳能供电系统,气象信息接入数据库系统,软件端实现对大气温度、相对湿度、风速、风向、雨量、气压、能见度等数据的不间断实时监测。其中,太阳能供电系统为辅助供电设备,为自动气象站提供保障,确保数据的连续性和稳定性。

该系统通信分为 3 部分,分别为气象传感器与采集器通信部分、后台服务器数据软件与采集器通信部分、服务器软件与用户终端及数据库系统通信部分。每个气象站监测站点独立安装气象数据采集器。

气象传感器与采集器通信之间采用有线连接,使用双绞屏蔽线作为通信介质,通过 RS-485 接口与采集器通信。

采集器设置 IP 地址、端口号等信息,通过 RJ-45 接口与交换机连接,再经由路由器进入局域网内,服务器端软件一键运行,即可获取监控点位气象数据信息,同时具备数据显示、查询、存储、下载等功能。

服务器运行 Server 端工程软件,用户端运行 Client 工程软件,通过输入服务器 IP 及授权码即可查询相关气象数据信息。服务器端软件采集数据录入数据库,访问数据库即可提取气象监测数据。

(2)关键设备及软件

气象传感器选用六参数气象仪,一体式实时监测现场的风速、风向、温度、相对湿度、气压等数据,技术参数如表 5-7 所示;能见度监测仪采用激光源模式设备,确保数据的精确和稳定,技术参数如表 5-8 所示。

表 5-7　六参数气象仪技术参数

参数	测量原理	测量范围	分辨率	准确度
风速/(m/s)	超声波	0～60	0.01	0.3
风向(无死角)/(°)	超声波	0～360	0.1	±3
温度/℃	二极管结点压法	−50～85	0.1	±0.2
相对湿度/%	电容式	0～100	0.1	±2
气压/hPa	压阻式	10～1 100	0.1	±0.5
雨量/(mm/h)	光电式	0～200	0.01	±8

表 5-8　能见度监测仪技术参数

参数	测量原理	测量范围/km	准确度/%
能见度	前向激光散射	5～30	±8

为了满足外场试验需求,气象参数监测系统的供电装置包括单晶硅太阳能电池板、锂电池及市电互补控制器 3 部分,供电过程中可与市电无缝切换。电源系统具有超高保护、防过充和防过放电等功能,能保证设备长期不间断工作的需要,如图 5-14 所示。

气象参数监测系统的终端软件应具备实时数据浏览、历史数据检索查询、数据曲线绘制、阈值报警及显示等功能。实时数据可以图表形式显示当前气象站数据情况,包括风

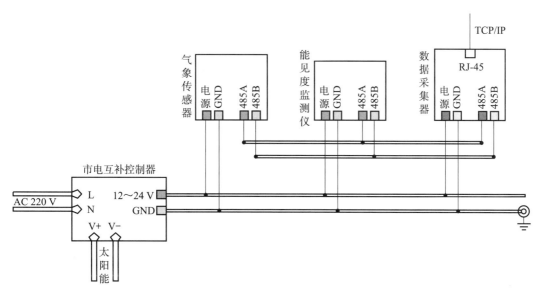

图 5 - 14　气象参数监测系统供电连接

速、风向、温度、相对湿度、气压、雨量、能见度仪的数值。气象测量监测系统的终端软
件记录一年内所有气象站点的历史数据，并可随时查看并可通过后台软件导出历史数据，
如图 5 - 15 所示；能够检索所选时间段内测点的历史数据，具备通过测点编号检索数据功
能，具备满足时间段、测点编号联合检索功能。为了对气象数据进行直观的分析和评估，
终端软件能提供所有参数的实时曲线和历史曲线功能。其中，实时曲线反映 24 h 内各气
象数据的变化曲线；历史曲线根据选择测点、时间段生成曲线，并能同时以不同颜色显示
所有气象站数据曲线。终端软件还具有气象数据超出阈值报警功能，当瞬时值超过设置的
报警阈值时，在终端软件实时监测界面可以通过不同颜色进行突出显示和报警。

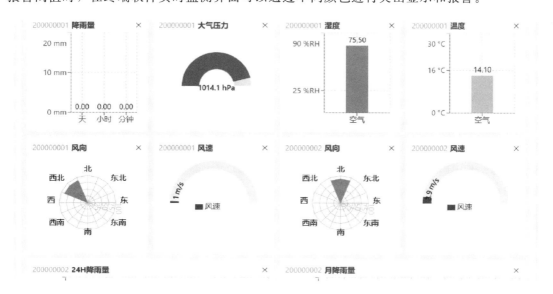

图 5 - 15　气象测量监测系统历史数据查询展示页面

参 考 文 献

［1］ 国防科工委工程设计研究所.导弹与卫星试验发射场常规推进剂库设计规范：GJB 3138A—1997 ［S］.

［2］ 环境保护部.工业企业厂界环境噪声排放标准：GB 12348—2008 ［S］.北京：中国环境科学出版社，2008.

［3］ 陈宝智.危险源辨识控制及评论 ［M］.成都：四川科学技术出版社，1996.

［4］ 国防科学技术工业委员会.航天工业危险源辨识指南：QJ 3299—2008 ［S］.北京：中国航天标准化研究所，2008.

［5］ 王洪鑫，徐在峰，赵科，等.航天器质量特性测试技术新进展 ［J］.航天器环境工程，2011，28 （2）：171 - 174.

［6］ 钟江，赵章风，乔欣，等.基于三点支撑的质心测量系统及误差分析 ［J］.中国机械工程，2010，21 （12）：1469 - 1472，1476.

［7］ 任德鹏，李青，刘振春，等.月面着陆起飞试验技术研究 ［J］.深空探测学报，2018，5 （3）：281 - 285，298.

［8］ 张萃，王刚，刘峰，等.着陆器顶板羽流导向设计及验证技术 ［J］.航天返回与遥感，2016，37 （2）：34 - 41.

第6章　虚拟试验技术

6.1　概述

虚拟试验是在仿真或虚拟现实环境中，利用数字化模型部分或全部代替实物模型，进行产品功能和性能的试验分析。虚拟试验的内涵丰富，涉及多个方面的内容：其一是试验对象（即参试系统、产品、人员等）的虚拟，建立试验对象的虚拟样机；其二是试验装置的虚拟，建立参试对象进行试验时所采用的试验设施设备的虚拟样机；其三是试验环境的虚拟，构建空间环境、地外天体表面环境等的仿真模型。要实现完整的虚拟试验，还需将试验对象、试验环境、试验装置等虚拟样机及仿真模型综合集成并交互运行。根据虚拟试验的具体需求，试验对象、试验环境、试验系统等也可部分采用真实的产品或系统参试，实现基于半实物的虚拟试验。

虚拟试验技术的作用主要体现在它搭建起了试验对象数字化设计和性能试验的桥梁，通过构建数字化的试验和测试环境，利用计算机辅助建模与仿真分析技术、计算机网络技术、信息处理技术、可视化及虚拟现实等技术，对指定试验的特殊属性进行数字化或半实物仿真模拟和测试，为设计人员提供参试产品功能、性能等多方面的信息，使设计人员能够根据设计方案方便、快捷地评估参试产品的各项性能指标，同时为试验人员提供试验系统模拟运行的参考数据，为试验系统的评估及试验方案的确定提供参考[1]。

相比传统的完全基于实物开展的试验技术，虚拟试验技术的优势相当明显：具有多门学科融合建模仿真能力，提高了试验的科学性，可更好地验证产品设计；一定程度上具备替代实物试验的能力，能够完成真实试验的前期工作，不受试验次数、试验环境、参试人员等各种因素的影响，还能够模拟实物试验难以做到的极限工况；虚拟试验相比实物试验效率更高、周期更短、成本更低。基于虚拟试验技术的优势，其在航空航天、武器装备等领域日益受到重视，并得到日益广泛的应用[2,3]。

虚拟试验技术是随着虚拟样机技术的发展而发展起来的。自20世纪80年代以来，计算机仿真技术在各类产品的开发中得到日益广泛的应用，并从对产品辅助设计、分析与制造发展到覆盖产品研制全过程的虚拟产品开发。以1990年美国波音公司启动波音777飞机研制采用全数字化设计为里程碑，实现虚拟产品开发的虚拟样机技术得到显著发展。虚拟样机技术是面向系统级设计的、应用于基于仿真设计过程的技术，包含数字化物理样机、功能虚拟样机和虚拟工厂仿真等内容，并可以在产品数据管理或全生命周期管理系统的基础上实现集成。其中，功能虚拟样机可实现虚拟试验，利用产品数字化物理样机或者实物模型，在虚拟实验室或虚拟试验场的试验中精确预测产品的性能[4]。

随着分布式交互仿真技术的发展，虚拟试验在功能虚拟样机的基础上进一步扩大了内涵。分布式交互仿真技术采用协调一致的结构、标准、协议和数据库，通过局域网、广义网将多处分布的多个仿真设备联网并交互作用，从而协调完成复杂的仿真任务并实现具有分布特性的仿真应用。分布式交互仿真技术从模拟器网络发展到当前的高层体系结构（High Level Architecture，HLA），HLA 的重要特征是在保证仿真应用间的互操作性和建模与仿真资源的可重用性的前提下，能够支持构建大规模的仿真平台，从而为规模和复杂性不断增加的问题领域的仿真提供环境支持。基于 HLA 构建虚拟试验系统，可以整合相关软硬件资源，构建包含纯数字仿真、半实物仿真和人在回路仿真在内的试验及虚拟环境，能显著提高综合试验能力和试验水平[5]。

对于地外天体着陆与起飞综合试验而言，通过虚拟试验技术，构建地外天体表面环境及试验设施的虚拟仿真模型，并结合参试航天器动力学和有限元等仿真模型，形成多系统多信息协同的虚拟试验系统，可以进行多种工况的虚拟着陆与起飞试验，虚拟试验的结果可为试验设施的优化设计及实物试验方案的设计和确认提供重要参考。

6.2　虚拟试验技术的组成与架构

如 6.1 节所述，虚拟试验要构建真实反映试验对象及试验设施相关特性的虚拟样机，以及构建所关注的虚拟试验环境。除了试验对象、试验设施和试验环境的虚拟模型外，虚拟试验还需要构建试验运行管理系统，用于支撑以虚拟试验样机为基础的各专业多工况条件下的仿真验证试验及综合考虑多学科多因素耦合作用影响下的多专业协同虚拟试验。

如图 6-1 所示，虚拟试验技术可分为虚拟样机建模技术、虚拟环境建模技术及虚拟试验运行技术三大部分。虚拟样机建模技术可进一步划分为数字化物理样机建模技术、数字化功能样机建模技术及多模型耦合协同仿真技术；虚拟环境建模技术可进一步划分为试验环境数值仿真建模技术、试验环境可视化仿真技术、人机交互虚拟现实技术；虚拟试验运行技术则包括虚拟试验管理、虚拟试验平台及网络和虚拟试验标准规范。

（1）虚拟样机建模技术

虚拟样机建模是虚拟试验的基础，用于构建参试对象及试验设施的虚拟样机。虚拟样机作为虚拟试验的机理模型，在对试验对象及试验设施的物理过程进行数学描述的基础上，建立能够仿真运行的数字化功能模型，使其在仿真过程中能够模拟试验对象及试验设施在真实环境中的特性和响应。虚拟样机模型包括动力学模型、结构几何模型、流体力学模型、有限元模型等，虚拟样机的形式包括以结构几何模型为基础的几何虚拟样机模型、以有限元计算模型为基础的性能虚拟样机模型、以多体动力学模型为基础的机械系统虚拟样机模型及多专业综合的机电一体化模型等，这些机理模型为虚拟试验研究提供了理论依据。

其中，数字化物理样机建模技术主要是基于计算机辅助设计（Computer Aided Design，CAD）基础，实现参试对象和试验设施的三维实体造型，可开展装配、浏览、运

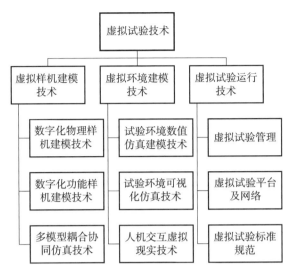

图 6-1　虚拟试验技术的构架

动包络、干涉分析等工作。

数字化功能样机建模技术主要是在数字化物理样机建模的基础上，对三维实体几何模型进一步处理，如划分有限元网格、确定边界条件、设置运动约束、施加驱动等，从而能够开展初步的虚拟试验，预测参试产品的基本工作性能或试验设施的基本操作性能。

对于不同的试验项目，参试对象及试验设施的复杂性存在较大差异，如从只考虑机构运动到涵盖机电热多专业协同，从只考虑动力学问题到涵盖气动、有限元及动力学多学科问题，等等。因此，需要通过多模型耦合协同仿真技术将参试对象及试验设施的多种数字化物理样机和功能样机有效封装、交互与协同，实现全系统的多功能模拟，这是实现虚拟试验全分析功能的重要环节。

（2）虚拟环境建模技术

虚拟环境包括试验对象及试验设施运行时所处真实环境的数值仿真计算模型及可视化仿真模型。此外，要开展有人参与的虚拟试验时，还需实现人机交互功能。

其中，试验环境数值仿真建模技术用于构建虚拟试验环境数值仿真模型，从而能够提供大气条件、风速风向、地形地貌、环境温度等试验对象和设施运行所处环境的仿真参数，从而使虚拟试验过程中实现试验对象和试验设施与环境交互作用的精确模拟。

试验环境可视化仿真技术用于构建实验室或试验场环境的可视化仿真模型，通过运用图形图像、虚拟现实、增强现实等技术，实现试验环境及试验对象和试验设施的逼真呈现，从而增加研制人员对虚拟试验过程中大量数据信息的感知能力，提高虚拟试验效果。

人机交互虚拟现实技术用于实现有人参与的虚拟试验，需模拟参试产品和试验设施的实际操控界面，实现数字化仿真模拟或半实物仿真模拟。

（3）虚拟试验运行技术

虚拟试验运行技术是为虚拟样机和虚拟环境提供安装运行的软硬件平台，并结合任务需求开展虚拟试验任务的规划、设计与管理，保障虚拟试验达到预期目的。

其中，虚拟试验管理包括对试验进行工况设计、流程设计、项目管理，以及对试验虚拟样机模型和虚拟试验数据进行统一管理等内容。

虚拟试验平台及网络主要是为虚拟试验的运行建立多学科协同仿真的软硬件平台，能够集成虚拟样机模型和虚拟环境模型所需的仿真分析软件工具，支持各类专用虚拟样机和环境的开发运行，通过合理的网络架构实现多仿真应用的交互及仿真资源的调用。

虚拟试验标准规范主要包括形成虚拟样机建模规范、各专业仿真模型配置规范、可视化仿真和虚拟现实模型规范、多专业协同虚拟试验数据接口规范、试验平台硬件通信及互联接口规范、虚拟试验平台软件开发标准等，主要解决虚拟试验各系统之间的接口管理及各运行环境的交互匹配问题。

6.3　虚拟试验技术在地外天体着陆起飞中的应用

探测器在月球、火星、小天体等地外天体的着陆与起飞过程是各探测任务至关重要的环节，决定成败，不容有失，必须开展充分的试验验证。但是，由于各个地外天体表面的环境与地球表面环境差别很大，如重力环境的差异、表面土壤力学性能的差异、地表反散射特性的差异、大气密度的差异等，导致探测器研制过程中开展相关的实物试验验证难度大、成本高、周期长，因此非常有必要开展充分的虚拟试验，在虚拟试验的基础上优化实物试验方案和试验工况，从而为地外天体探测任务的顺利实施提供坚实的保障。

虚拟试验主要涉及参试对象、试验设施及试验环境的虚拟，可以根据任务需求进行 3 方面的全部建模及虚拟试验，或选择其中部分进行建模及虚拟试验，也可以采用硬件在回路的方式，即通过实物与虚拟模型结合来完成基于半实物仿真的虚拟试验。以下介绍虚拟试验技术在几项地外天体着陆与起飞试验中的相关应用。

6.3.1　月球着陆缓冲装置虚拟试验

由于月球表面没有大气，因此月球着陆器通过反推发动机实现减速，再通过着陆缓冲装置实现最终软着陆，以承受着陆器在月球表面着陆时产生的冲击载荷，吸收冲击能量。月球着陆器一般采用可收拢展开的机械式着陆缓冲机构，其能否正常工作成为整个探测任务成败的关键环节之一。

月球着陆器在月球表面着陆时的垂直速度、水平速度、初始姿态、月面地形和月壤物理性质在一定范围内具有较大的不确定性，在这些复杂环境下进行着陆缓冲试验代价昂贵，因此需要开展充分的虚拟试验验证，从而为着陆缓冲装置的优化及改进设计提供参考，也可以为实物试验的工况制定和优化提供依据。

软着陆过程主要关注的环境包括月面的低重力条件，以及月面地形和月壤力学性能，它们是影响月球着陆器着陆冲击响应和着陆稳定性的关键因素。因此，对某月球着陆缓冲装置开展的虚拟试验主要包括着陆器及着陆缓冲装置的基于多体系统动力学模型的虚拟样机，以及月面环境仿真模型（模拟月面重力加速度、月面地形及月壤的力学性能参数）。

考虑到着陆缓冲试验的投放设施原理比较简单，且试验中探测器模型一旦释放，整个着陆缓冲过程与试验投放设施即不再发生联系，因此未建立试验投放设施的虚拟样机。

　　该项虚拟试验采用 ADAMS（Automatic Dynamic Analysis of Mechanical Systems，机械系统动力学自动分析）软件开展。ADAMS 软件使用交互式图形环境，配置有零件库、约束库、力库等模块，可创建完全参数化的机械系统几何模型。其求解器采用多刚体系统动力学理论中的拉格朗日方程方法，建立系统的动力学方程，对虚拟机械系统进行静力学、运动学和动力学分析，可用于预测机械系统的性能、运动范围、碰撞检测、峰值载荷及计算有限元的输出载荷。ADAMS 又是虚拟样机开发工具，可以进行特殊类型虚拟样机分析的二次开发。

　　应用 ADAMS 软件建立月球着陆器的着陆缓冲虚拟功能样机仿真模型，如图 6-2 所示。虚拟试验中，着陆缓冲装置根据实物设计建立了三维数字模型，用于模拟着陆器和着陆缓冲装置的几何尺寸、质量特性及多部件间的约束关系。着陆缓冲装置主支柱和辅助支柱内安装了铝蜂窝缓冲材料，其缓冲力学特性的表达是仿真模型的难点之一，结合铝蜂窝的实测数据得到拟合曲线方程，并通过 ADAMS 软件的用户子程序开发功能进行了设置。月面虚拟环境模型中，月面 1/6 重力条件可在 ADAMS 软件的环境参数中进行专项设置，月面坡度等形貌模拟通过三维几何建模实现，月壤的力学性能参数及着陆缓冲装置中足垫与月壤的接触模型通过 ADAMS 软件的用户子程序功能实现，相应的数值仿真模型基于部件试验数据进行拟合和修正。

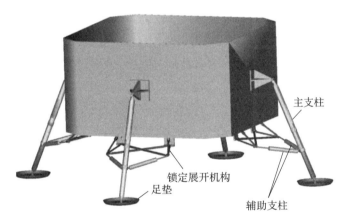
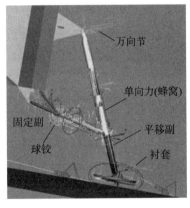

(a) 月球探测器虚拟样机　　　　　　　　　　　(b) 多体约束设置

图 6-2　月球着陆器的着陆缓冲虚拟功能样机仿真模型

　　基于上述虚拟试验，研究了某月球着陆器的着陆姿态、着陆速度、地面坡度和月壤力学参数对着陆性能的影响，得到典型着陆工况下的稳定性评价结果，确定了在不同月面坡度及月壤物理特性下的着陆稳定性边界。为了对实物试验的设计与效果进行评估，利用虚拟试验开展着陆缓冲装置在地球重力场和月球重力场下工作性能的对比研究，发现各支柱的缓冲行程、垂直速度、俯仰角及垂直向质心位置变化等完全不同，表明重力场对着陆动力学响应的影响很大,据此为实物试验的方案设计与工况制定提供参考[6]。

6.3.2 低重力模拟试验平台虚拟试验

对于月球、火星等低重力天体的着陆探测,为了满足探测器最终着陆段悬停、避障、缓速下降等试验验证的需求,需要建设低重力模拟试验平台,为探测器提供足够的三维空间,试验全程模拟月球或火星的重力环境。对于随动试验工况(探测器主动飞行、低重力模拟试验平台随动运行的验证),低重力模拟试验平台在提供精确的低重力环境的同时不能干涉探测器的自主飞行运动;对于主动试验工况(探测器由低重力模拟试验平台按照特定的空间轨迹携带运行),低重力模拟试验平台需要提供带动探测器按照要求的位置、速度、加速度变化规律进行着陆过程三维运动的能力。由于探测器最终着陆段试验验证需要保证足够的三维运动空间,低重力模拟试验平台为超大型试验设施,因此是地外天体着陆起飞综合试验场最为核心的设备。为了保证低重力模拟试验平台设计方案正确,为低重力试验平台的系统调试及试验运行提供依据,需要以低重力模拟试验平台为核心开展虚拟试验。

位于我国河北省怀来县的火星着陆综合试验场内的低重力模拟试验平台主要由主体结构系统和三维随动系统组成,其虚拟试验所需的数字化功能样机主要包括主体结构系统虚拟样机和三维随动系统虚拟样机。主体结构系统重点关注结构强度和刚度是否符合设计要求,因此其虚拟样机基于三维几何模拟及结构有限元模型建立。三维随动系统重点关注控制响应及机械系统的运行,因此其虚拟样机基于三维几何模型耦合机械系统动力学模型,并结合电气控制仿真模型建立。低重力模拟试验平台的部分虚拟试验样机及模型如图 6-3 所示。考虑到虚拟试验的目的是验证低重力试验平台的性能,对参试对象及环境的虚拟样机模型进行了简化设置,将参试对象设置为三维刚体运动模型,与三维随动系统间通过施加拟合真实状态的特定连接约束进行关联,即随动试验工况通过吊绳连接,主动试验工况通过刚性结构连接。对于试验环境模拟而言,通过设置重力加速度考虑地面重力环境的影响,通过数值模型施加风速产生的阻力作用。虚拟试验时,按照试验需求对探测器模型施加相应的运动驱动,低重力模拟试验平台的虚拟样机进行响应,从而开展悬停、避障及缓速下降试验的模拟运行。

通过对低重力试验平台的虚拟试验,确认主体结构具备 30 t 以上动态承载能力,且结构弹性变形满足三维随动系统拉索出绳点精度要求。主体结构满足抗震设防烈度 8 度、基本风压 $0.50 \ kN/m^2$ 的设计要求。对参试对象[图 6-3 (c) 中的探测器模型]施加特定规律的运动驱动以进行虚拟试验,可确认三维随动系统可以覆盖真实试验所需的 20 m×20 m×74 m(高)的三维运动空间范围,多组并联索的工作同步性满足设计需求,对探测器模型的吊绳拉力控制精度达到 20 N 以内,空间位置定位精度优于 0.1 m,系统的水平跟踪速度达到 5 m/s,水平跟踪加速度达到 3 m/s^2,垂直跟踪速度达到 10 m/s,垂直跟踪加速度达到 5.7 m/s^2,能够满足试验技术指标。结合主体结构虚拟样机及三维随动系统虚拟样机开展耦合分析,可确认在低重力试验平台的并联索作用下,快速随动平台的水平

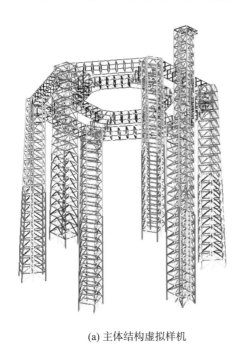

(b) 随动系统拉索驱动系统虚拟样机

(c) 快速随动平台虚拟样机

(a) 主体结构虚拟样机

图 6-3　低重力模拟试验平台的部分虚拟试验样机

刚度不小于 2 000 N/mm，证明基于并联索实现对探测器的大空间三维高速随动的设计方案可行，能够满足探测器悬停、避障和缓速下降段综合验证试验需求。

6.3.3　地外天体着陆与起飞虚拟试验场

地外天体着陆与起飞虚拟试验场由低重力模拟试验平台、试验指挥控制系统、模拟地外天体表面特性系统、试验测量系统、试验总装测试保障及推进保障系统等组成。其中，试验指挥控制系统与参试验证器、低重力模拟试验平台、地面测量系统等其他参试系统建立通信链路，实现试验的实时监控、试验指挥、控制与调度、试验数据接收和处理、数据存储与分析、试验数据的后继处理和综合显示等功能。试验指挥控制系统由时统子系统、网络子系统、数据处理与存储子系统、指挥显示子系统、指挥调度子系统等组成。基于试验指挥控制系统的软硬件配置，试验指挥控制系统与低重力模拟试验平台、参试验证器的地面总控系统、试验测量系统等共同组成了地外天体着陆与起飞试验场完整的网络架构。

对于地外天体着陆与起飞虚拟试验场而言，针对低重力模拟试验平台、参试验证器、试验测量系统构建虚拟试验样机，针对模拟地外天体表面特性系统构建虚拟环境及仿真模型。由于试验指挥控制系统已经提供了所需的基本网络架构和硬件基础，因此可在此基础上将虚拟样机、虚拟环境和仿真模型集成到指挥控制系统的工作站网络相关节点上。扩展指挥控制软件的模拟试验运行功能后，可以实现地外天体着陆与起飞试验场的仿真运行，即开展全面的虚拟试验。

地外天体着陆与起飞虚拟试验场的系统结构如图 6-4 所示。在试验场各系统组成的基础上，增加相应的虚拟样机系统，通过试验指挥控制系统的网络整合所有软硬件资源，综合形成完整的既可实现真实试验又可开展虚拟试验的试验环境，将显著提高地外天体着陆与起飞试验的试验能力和试验水平。在此基础上，基于 HLA 等分布交互式仿真体系，可进一步将地外天体着陆与起飞虚拟试验场与探测器系统、总装测试系统等其他系统综合，从而可将虚拟试验扩展到探测器研制的全过程和全周期。

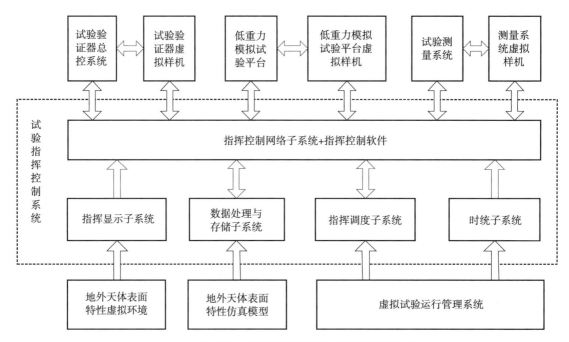

图 6-4　地外天体着陆与起飞虚拟试验场的系统结构

参 考 文 献

［1］ 胡叶楠，陈海东，罗军，等．虚拟试验技术体系及其应用研究初探［C］. Scientific Research, System Simulation Technology & Application (Volume 13)，2011.

［2］ 李晓霏．飞行器起落装置动力学虚拟试验研究［D］. 南京：南京航空航天大学，2017.

［3］ 林炜清．直升机虚拟试验技术的发展研究和展望［J］. 大科技，2019（11）：276.

［4］ 陈立平，张云清，任卫群，等．机械系统动力学分析及 ADAMS 应用教程［M］. 北京：清华大学出版社，2005.

［5］ 王鹏，徐青，李建胜，等．空间环境建模与可视化仿真技术［M］. 北京：国防工业出版社，2012.

［6］ 蒋万松，黄伟，沈祖炜，等．月球探测器软着陆动力学仿真［J］. 宇航学报，2011，32（3）：462 – 469.

第 7 章　人在回路着陆起飞试验技术

7.1　概述

要实现载人登陆月球、小行星、火星等地外天体，必须充分考虑和结合人的因素，在相关飞行任务研制过程中，需要开展人在回路的地外天体着陆及起飞试验验证。本章以载人登月为背景，对相应的人在回路着陆起飞试验技术进行介绍与探讨。

随着我国无人探月工程的实施，月面着陆与起飞的关键技术得到了突破和验证。但是，载人登月对系统的可靠性和安全性提出了更高的要求，除了着陆与起飞的探测器规模更大、系统更为复杂外，还涉及大量的人机交互相关问题，包括人的适应性问题、人的参与性问题、人的安全性问题，以及人-机-环境问题等[1,2]。从整个任务过程来看，（载人）落月过程是整个载人登月任务中风险较高的阶段，接近月面阶段和最后落月阶段既是登月成功中最重要的一步，也是最可能失败的一步。因此，在载人登月着陆器系统研制过程中，着陆器需开展充分的地面试验验证，尤其要关注人在回路的系统验证。针对最终着陆段，一方面需充分开展着陆器自主飞行试验及着陆冲击、着陆稳定性、起飞上升等验证试验，以充分测试并验证着陆器及其相关分系统的工作性能；另一方面，需开展航天员操作着陆器的登月及月面起飞过程模拟，从而训练航天员对飞行状态的适应性、对着陆点的月面环境反应能力和对乘员操纵飞行控制系统的控制能力，并验证自动控制飞行系统和乘员操纵飞行控制系统的协调匹配性能。

对于载人登月着陆器的无人自主飞行验证试验以及着陆冲击等各项专项试验而言，其与无人月球着陆探测器的最终着陆段及起飞上升段验证试验实施方案基本一致，但是载人登月着陆器的质量、尺寸相比无人月球着陆探测器而言一般要显著增加。对于有航天员参与的最终着陆段及起飞上升段模拟试验，与无人月球探测器试验相比，显然最大的不同就是增加了人在回路的实时着陆与起飞控制，从而对试验实施方案及相应的试验设施提出新的要求。因此，载人登月着陆与起飞模拟试验的关键问题主要有以下两个方面。

1）如何实现大载重月面着陆器高精度的月面环境模拟试验。其主要涉及低重力环境模拟试验技术和月面月貌模拟试验技术，相关试验设施方案可充分参照无人探月工程的研究成果。其关键问题是与载人登月着陆器的控制精度要求相比，无人探测并不降低，而着陆器质量显著增大，即需要试验设施能够满足更大承载、更大惯量、更大量程情况下的高精度指标要求。

2）如何实现航天员接近真实月面着陆与起飞状态下的参与飞行。为了保证试验的充分性，除了模拟真实的发动机点火开展着陆与起飞试验外，还需要进行大量的航天员参与控制的非点火工况的验证试验。因此，着陆与起飞试验设施相比无人探月需增加模拟发动机的变推力功能及飞行控制系统与试验运动控制系统的信息耦合控制功能，将乘员控制加入试验运动控制系统闭环中，并实现乘员控制与自动控制的模式切换和信息融合。

7.2　基于自由飞行模拟器的人在回路着陆起飞试验技术

载人登陆月球，航天员要参与月面着陆器和上升器的飞行控制，充分发挥航天员具备的快速判断与情况处置的优势，提高登月任务的可靠性和安全性。研制具备自由飞行能力的飞行模拟器，对于实现航天员参与的人在回路的着陆起飞试验而言具有非常显著的作用：首先，航天员利用自由飞行模拟器可以进行更为充分和逼真的驾驶训练，充分演练航天员驾驶着陆器和上升器在月面悬停、避障、缓速下降及起飞上升等飞行过程，积累飞行经验，提高飞行驾驶能力；其次，通过飞行模拟器开展人在回路着陆起飞试验，飞行模拟器充分采用真实飞行器上使用的相关产品和软件，从而可以对着陆器、上升器的设计方案、飞行控制程序、设备配置、操作界面等进行全面的考核，有利于系统方案的优化，有利于飞行器的设计改进。此外，通过飞行模拟器可以充分对人机结合的工作模式、人机交互的方式方法及飞行过程中对应的各类故障预案进行验证。

人类至今为止成功实现载人登陆月球的是美国的阿波罗计划。在阿波罗计划研制期间，为了确保"阿波罗 11 号"首次登月任务成功，NASA 组织开展了大量的基于自由飞行模拟器的人在回路试验，对航天员操纵月面着陆器安全落月的过程开展了充分的训练与验证。

阿波罗计划中研制的用于登月训练和试验的飞行模拟器包括 2 种，分别是月球着陆探索飞行器（Lunar Landing Research Vehicle，LLRV）和月球着陆训练飞行器（Lunar Landing Training Vehicle，LLTV）。其中，LLTV 是在 LLRV 的基础上进行局部改造而成的，LLRV 和 LLTV 由 NASA 爱德华飞行研究中心负责抓总研制[3-5]。

模拟登陆月球的飞行模拟器需解决的关键问题在于：如何抵消大部分地球重力而实现 1/6 重力环境下的自由飞行；如何逼真地模拟月球真空条件下的飞行控制和推进状态，以确保航天员的操控感受与真实飞行条件基本一致；飞行模拟器如何确保试验安全，尤其是航天员的生命安全，地面试验过程中必须有足够的故障应对措施。对于这些关键问题，LLRV 都进行了有益的尝试，并得到了很好的解决，有力支撑了阿波罗登月任务的成功。

LLRV 是一个具备垂直起降功能的自由飞行器，主要由推进、结构、控制、乘员操控、着陆支架、应急救生等部分组成。由于该飞行器的主要目的是研究摸索登月着陆过程中航天员如何操控月面着陆器，逼真地验证飞行操控方案，因此其并没有按照阿波罗月面着陆器的规模来进行研制，而是一个相对较小的着陆飞行器，其构型如图 7 - 1 所示。LLRV 的最大长度为 6.85 m，高度为 3.05 m，最大起飞质量为 1 687 kg。LLRV 可供一名航天员进行操控训练，航天员操控台位于飞行器的一侧，与之相对的另一侧是飞行器的控制设备安装平台。飞行器的中心部位是用于实现起飞和低重力模拟的航空发动机，在航空发动机周边布置了一圈共 8 台火箭发动机，用于模拟真实月面着陆过程中着陆器的主推力系统。在飞行器主结构框架最外侧的四角安装了共计 16 台较小推力的火箭发动机，用于试验过程中的姿态控制。飞行器设置了 4 组软着陆支架，以实现落地时的缓冲。

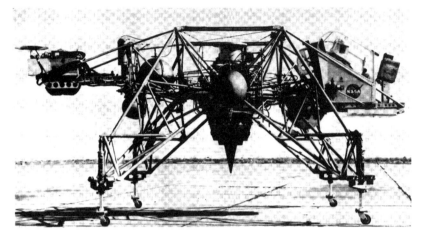

图 7 - 1　NASA 研制的月球着陆探索飞行器 LLRV 构型

　　LLRV 的典型飞行试验过程如图 7 - 2 所示，首先飞行到距地面一定的高度，进行悬停、调整飞行朝向并转换为月面着陆模拟状态，之后在模拟月面重力条件下开展模拟登月下降飞行试验，通常整个飞行试验过程不超过 8 min。由于地球环境和月球环境的显著差异，LLRV 需要能够抵消飞行器自重的 5/6 及飞行动态过程中空气动力的影响，其使用的推进系统与月面着陆器存在很大的差异。LLRV 推进部分采用了两套独立的推进系统，包括航空喷气发动机系统和火箭发动机推进系统。

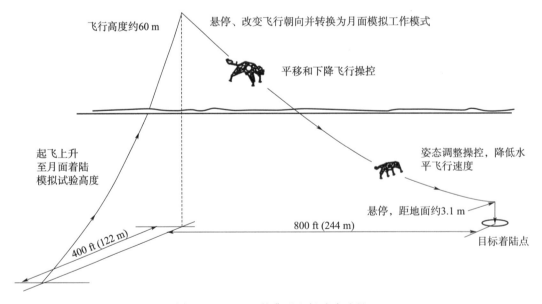

图 7 - 2　LLRV 的典型飞行试验过程

LLRV 的航空喷气发动机系统选用成熟的通用电气 CF700 - 2V 涡轮喷气发动机,利用喷气发动机产生的推力抵消 5/6 的重力,以实现月球低重力环境的模拟。喷气发动机安装在位于飞行器质心位置的万向调节装置上,与飞行器结构框架之间可以按要求自由转动,从而保持发动机垂直向下或调节到相对主体结构特定的角度。

喷气发动机万向调节装置是 LLRV 特殊考虑的设计,其采用一套液压伺服操纵机构进行控制,设置了 4 种工作模式,分别是万向节锁定模式、当地垂直模式、发动机对中模式和稳定维持模式。万向节锁定模式下,航天员通过一套独立的液压源来驱动万向节,使喷气发动机指向与飞行器中心对正;或者在飞行中飞行器姿态超过极限角度(LLRV 中心轴线与垂直方向偏离 15°)0.5″时,万向节锁定模式启动,以确保飞行安全;当地垂直模式是基于飞行器上陀螺仪信息自动将喷气发动机的指向与当地垂直方向对齐,在飞行试验的最后阶段,飞行器落地前需要处于此模式下工作,以防止发动机水平方向的作用力分量导致飞行器落地倾覆;发动机对中模式由航天员手控选择,该模式下发动机指向自动调节到与飞行器中心轴向对齐,飞行器从起飞到登月模拟之间一般采用此模式工作;稳定维持模式用于正式的登月模拟飞行,此模式下发动机指向可以相对飞行器轴线进行轻微偏转,以抵消水平方向风力、空气动力等干扰产生的水平加速度影响。

LLRV 的火箭发动机推进系统与真实月面着陆器的推进系统类似,采用的是过氧化氢液体火箭发动机系统。火箭发动机系统又包括两部分,一部分是飞行器下降动力减速用发动机,另一部分是姿态调节用发动机。所有的液体火箭发动机均与飞行器结构固定安装,相对飞行器结构维持固定姿态,不可调节推力方向。动力减速用发动机使用了 8 台 2 224 N 的推力发动机,推力可由航天员进行操控调节,最小可降低至 454 N。8 台动力减速用发动机中的 2 台工作即可开展 1/6 重力条件下飞行器的月面最终着陆下降过程试验模拟;另外 6 台发动机作为应急备份,在航空喷气发动机工作异常时可作为飞行器的上升动力使用。姿态调节用发动机使用了 16 台 400 N 推力发动机,其推力在起飞前可通过阀门进行调节,调节范围为 80~400 N。16 台姿态调节用发动机分为独立的 2 组系统,只要 1 组 8 台发动机工作即可满足飞行器验证试验需求,另 1 组作为冗余备份;也可设置为 2 组均工作的试验模式。火箭发动机在 LLRV 飞行器上布置时,为了避免发动机工作时对飞行器产生额外的绕质心的转矩,发动机均按照两两对称安装,且对称安装的发动机同步点火工作,相应的推进剂贮罐也设置了对称布局,并对流量进行精密控制。LLRV 火箭发动机推进系统的布置如图 7 - 3 所示。

LLRV 采用了开放式的框架结构形式,以尽量减小飞行过程中的空气阻力。LLRV 结构包括 6 个基本部分,分别为软着陆支架、中心主框架、乘员操控台支撑结构、控制设备平台安装结构、发动机安装结构组件、万向调节装置结构。结构设计中,为了避免航空发动机工作时距离地面太近而导致的气流发射和背压变化影响,设计航空发动机喷口距地面的最低高度不小于 2 倍最大喷口直径。软着陆支架可确保飞行器在 3.05 m/s 垂直速度、0.91 m/s 水平速度包络范围内落地时安全可靠。

LLRV 的乘员操控台尽量模拟了月面着陆器的飞行仪表和操控需求,但增加了喷气发

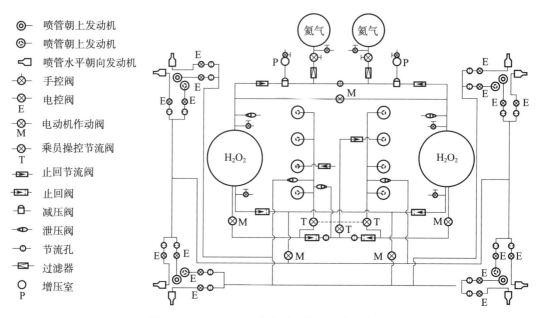

图 7-3　　LLRV 火箭发动机推进系统的布置

动机相关参数显示及地面试验过程中所特有的一些安全指示和应急操控设备。LLRV 的控制和测量设备基于当时的技术水平选用，其中对飞行器垂直位置和垂直速度的测量采用雷达高度计获取，适用高度范围最大 900 m，离地高度 12 m 以上误差 ±5%，离地高度 12 m 以下误差 0.6 m；对飞行器的水平速度测量采用多普勒雷达获取，在平整地面条件下水平速度误差不大于 1.5m/s。LLRV 通过脉冲编码调制（Pulse Code Modulation，PCM）通信系统与地面测控系统通信，设置了地面对飞行器的遥控操作飞行模式，试验时实时传输测量数据。

　　LLRV 的应急和安全措施考虑得较为充分。LLRV 的上升动力有两种方式，如前文所述，一旦航空喷气发动机发生故障，可转而采用应急火箭发动机工作。地面起飞时，航空喷气发动机实现的推重比不小于 1.05，着陆时推重比可以达到 1.5；而采用 8 台主推力火箭发动机工作，着陆时推重比可以达到 1.39，确保飞行器可控安全着陆。一旦航空喷气发动机及火箭发动机均工作异常，LLRV 还设计了应急回收降落伞装置，使飞行器落地时的速度不超过 26 m/s。在此速度下，通过软着陆支架缓冲吸能，飞行器的主体结构和关键设备仍可保证安全。不过，随着 LLRV 研制的开展，为了减小飞行器的质量，且避免应急回收降落伞与弹射座椅工作相干涉，最终没有采用应急回收降落伞装置。

　　除了飞行器的应急安全措施外，对航天员的安全防护更需重视。LLRV 设置了航天员安全救生弹射座椅，一旦飞行器发生紧急故障，航天员通过简单的操作即可利用弹射座椅迅速逃离到安全距离并在降落伞的作用下缓降到地面。此外，为了防止航天员吸入喷气发动机或火箭发动机产生的废气，飞行试验过程中 LLRV 始终给航天员进行供氧，持续能力达 15 min。整个飞行试验过程中，地面控制中心严密监控飞行器及航天员状态，一旦航天员操作出现问题，可及时切换到遥控飞行模式。

在阿波罗登月工程中研制了 2 架 LLRV，总共进行了 251 次月面着陆模拟飞行试验；基于 LLRV 改造及新研了 3 架 LLTV，开展了多次月面着陆模拟飞行试验。总地来说，LLRV 及 LLTV 的研制和使用在 NASA 的阿波罗登月工程中发挥了重要的作用，阿姆斯特朗等航天员通过 LLRV 和 LLTV 的地面模拟飞行试验，对月面着陆过程的操控得到了很好的训练[6]。但是，LLTV 相继出现了一系列事故，甚至发生了爆炸损毁的情况，导致 NASA 在阿波罗登月工程后期将航天员参与的月面着陆模拟飞行试验改变为利用专项的低重力模拟试验设施进行。

在美国 NASA 的重返月球"星座"计划中，登月舱虽然相比阿波罗工程显著提升了着陆敏感器的配置与技术水平，但通过研究仍然认为在载人月面着陆任务中航天员应该参与到避障控制闭环中来，通过对登月舱自动着陆和避障控制系统采集的信息进行实时处理和分析，为航天员提供直观准确的辅助决策信息，由航天员手动控制与自动飞行控制系统之间的协同实现着陆器可靠安全地落月[7]。

7.3　基于悬吊试验法的人在回路着陆起飞试验技术

采用自由飞行模拟器虽然可以非常逼真地模拟低重力环境下地外天体的着陆、起飞过程，对航天员进行大范围运动空间的操控演示验证与训练，但自由飞行模拟器为了实现月面的 1/6 重力模拟，需要采用额外的推进系统。如第二节所述的 LLRV 采用了航空喷气发动机。这样，在自由飞行模拟器上需要设置至少两套推进系统，一套用于模拟真实月面着陆器或上升器所用的火箭发动机系统，包括下降或上升的主推力发动机及用于实现姿态调节控制的推进系统；另一套用于实现月面低重力环境的模拟，即产生足够的推力以抵消飞行器部分重力。当然，为了使飞行器能够飞离地面并达到足够的月面模拟试验高度，这部分动力系统产生的推力初始应超过飞行器重力。除了采用两套推进动力系统之外，由于试验行程大、飞行高度较高等，自由飞行模拟器还需要采用充分的试验安全防护措施，如设置航天员弹射座椅，甚至采用应急回收着陆装置等。因此，用于模拟在地外天体表面着陆和起飞的自由飞行模拟器必然是一个非常复杂的飞行器，此飞行器实际上综合了垂直起飞航空器和月面着陆航天器两方面的特点，研制难度和技术风险都相对较高，代价也非常大。

为了克服自由飞行模拟器系统复杂带来的高难度高风险问题，采用基于悬吊试验法的方案进行载人登月相关地面试验验证是一种非常理想的选择。通过基于悬吊试验法的低重力模拟试验设施，对飞行验证器通过吊绳施加向上的垂直拉力以抵消部分重力，从而实现低重力环境的模拟。飞行验证器自身不再需要采用额外的推进系统来模拟低重力环境，而是可以采用与真实飞行器基本一致的推进系统，继而航天员也可以减少真实飞行器操控以外的系统操作，更为逼真地实现真实状态下的验证。另外，由于始终有吊绳悬挂，飞行验证器可以不需考虑发动机故障下可能出现的坠毁事故及故障着陆情况下对应的额外安全防护措施。因此，相比于自由飞行模拟器开展试验，基于悬吊试验法的模拟地外天体环境下的人在回路着陆起飞试验更为简单、可靠。但是，基于悬吊试验法的飞行验证器受限于地面固定的试验设施，相应的试验空间和行程范围相比自由飞行模拟器试验要小，且需要避免地面设施对航天员目视操控判断的影响，以及对飞行器相关敏感器工作的影响。

美国 NASA 为了阿波罗登月工程的顺利开展，除了 LLRV、LLTV 之外，还在兰利研究中心建造了专门的月球着陆试验设施（Lunar Landing Research Facility，LLRF），基于悬吊试验法开展了大量的人在回路月面着陆试验验证。先后有 9 名航天员利用 LLRF 共进行了超过 150 次的月面着陆模拟飞行试验，较为充分地验证了阿波罗月面着陆器的飞行性能和操控性能，对航天员的训练考核发挥了重要的作用[8]。

LLRF 是基于悬吊试验法的一套低重力模拟试验设施，利用吊绳对飞行验证器施加垂直向上的拉力，以实现 1/6 重力的模拟。吊绳与试验验证器之间通过一套万向吊具连接，以保证试验验证器绕其 3 个轴均有足够的转动范围。吊绳的上端连接在一套可移动的桥式起重机的提升机构上。提升机构可以控制吊绳的上下收放运动，并实现对吊绳拉力的伺服控制。为了保证吊绳处于垂直状态，桥式起重机可以沿 LLRF 主结构的纵向移动；起重机上安装提升机构的小车可以沿桥式起重机上的轨道移动，即实现沿 LLRF 主结构的横向移动。

利用 LLRF 可以开展两种模式的人在回路月面着陆试验，包括仿真模式和运行模式。在仿真模式中，试验验证器的主推力发动机不工作，只有姿态调节用的发动机工作。主发动机所需的推力由 LLRF 的吊绳拉力模拟，LLRF 根据航天员对垂直下降或上升的操控指令实时调节吊绳拉力。为了模拟水平运动，通过对吊绳偏角进行特定的控制，利用吊绳偏角产生的水平分量拉力对试验验证器进行水平方向的加速。在这种模式下，试验验证器装载的燃料均给姿控发动机提供，从而整个试验过程可以维持很长的时间，可达到 20 min 以上，从而可以对月面着陆器的飞行性能及航天员的操控性能进行长时间的验证。在运行模式中，主发动机工作，LLRF 提供低重力环境模拟，整个试验过程与真实月面着陆时接近，试验时间约持续 2 min。

LLRF 试验设施主要包括两部分：主体结构及移动系统。其中，主体结构如图 7-4 所示，采用空间桁架结构形式，东西向坐落，由多组倾斜的支腿及上端框架组成。一部电梯安装在东端，方便上下运送设备，通过桁架结构上的人行道能近距离检查桁架的所有地方。桁架结构约 73 m 高，在 67 m 高处有两条约 122 m 长的轨道，轨道间距 22 m，每条轨道宽 0.46 m。桁架结构用橙、白色交错喷涂，其中支腿较低处的一些橙色部分没有喷涂，以减小对参试航天员操控飞行时的视觉影响。

移动系统即上文提到的桥式起重机、移动小车、提升机构、吊绳、万向吊具及相应的伺服驱动和电气控制设备。其中，桥式起重机安装在桁架结构 67 m 高处的 2 条轨道上，两端由移动座车支撑，采用重型橡胶轮胎，每个移动座车由安装在桥式起重机两端的伺服液压驱动电动机系统独立驱动。桥式起重机结构下设置了轨道，安装提升机构的小车位于其上，可在电动机作用下沿轨道横向移动。小车上的提升机构也采用了独立的驱动系统，通过电动机带动吊绳滚筒转动实现吊绳的收放和拉力设定。LLRF 采用了 2 根长 76.2 m

图 7 - 4　兰利研究中心的 LLRF 试验设施的主体结构

的平行吊绳，连接在试验验证器上方的万向吊具上。吊绳拉力由 2 组安装在万向吊具上并与试验验证器直接连接的传感器进行测量，并据此反馈信号到提升机构的驱动电路，从而精确控制吊绳拉力。

　　LLRF 的主要性能指标如表 7 - 1 所示，满足了阿波罗登月任务的相关试验需求。参试航天员表示利用 LLRF 开展模拟自由飞行时，几乎察觉不到人造特性。说明 LLRF 虽然试验空间和随动性能有一定的范围限制，但设置好合理的试验方案和工况，能够充分实现月面着陆器飞行性能及航天员落月飞行操控训练的目的。

表 7 - 1　美国 LLRF 的主要性能指标

项目	性能指标
试验空间	110 m(长)×13 m(宽)×55 m(高)
试验速度范围	水平方向：8 m/s(长向)×2 m/s(宽向) 垂直方向：5 m/s
随动加速度能力	水平方向：0.09 m/s² 垂直方向：1.6 m/s²(向下)、0.45 m/s²(向上)
试验载荷	静态：最大 9 072 kg(20 000 磅) 动态：最大 5 443 kg(12 000 磅)
吊绳拉力	0～66.7 kN
吊绳随动偏角	优于 0.8°

如上所述，由于不需要额外配置抵消重力影响的发动机系统，因此 NASA 利用 LLRF 开展载人登月模拟试验所用的飞行验证器相比 LLRV 系统组成更为简单，系统布局与真实登月舱更为接近。飞行验证器质量达到 5 443 kg，虽然比阿波罗登月舱稍小一些，但比 1 687 kg 的 LLRV 规模显著增加。由主发动机和姿态控制发动机产生的平移及转动加速度与阿波罗登月舱大体相当。因此，NASA 相关研制团队认为该飞行验证器可以为阿波罗登月舱的飞行性能提供正确的模拟。

利用 LLRF 开展月面最终着陆段试验主要包括 3 个阶段：飞行前检验、飞行试验及飞行后处理。飞行前要保证试验设施及飞行验证器状态良好；飞行试验过程中主要保证按照试验工况完成试验计划，要确保参试航天员及验证器的安全；飞行后处理主要是航天员离开验证器，地面人员对验证器进行处置和检查，为下次试验进行准备。

飞行前检验的主要工作包括对 LLRF 的性能进行测试检查，以及对 LLRF 和飞行验证器的匹配性能进行测试检查。LLRF 的性能检查主要是对移动系统的状态、电气性能及相应的安全限位、应急措施进行测试和确认。飞行验证器加注并连接到 LLRF 后，在试验之前进行模拟运行，以完成匹配测试。模拟运行时将验证器垂直提升至离地 45 m 左右高度，设置吊绳拉力后验证器以 1/6 重力下降，达到接近 LLRF 垂直随动极限速度时试验设施自主制动。水平方向的随动匹配测试在近地面进行，将移动小车预置偏离验证器一定距离，使吊绳偏角达到 0.5°；进入随动模式后，测试移动小车自主移动至验证器正上方，并使吊绳偏角在验证器静止情况下不大于 0.05°。在航天员进入飞行验证器后，正式试验前还需开展一系列检查确认，包括通信检查、气体泄漏检查等工作。

飞行试验阶段以试验指挥倒计数开始，地面控制室的操作人员打开 LLRF 的安全制动器，建立 LLRF 与飞行验证器的数据采集链路，使 LLRF 进入工作模式，LLRF 自主跟随飞行验证器进行随动。航天员操纵飞行验证器向目标位置下降飞行，执行预先计划的飞行任务。飞行主管和控制室检测人员观察飞行验证器和指挥控制中心的仪表显示参数，以此来评价试验是否位于 LLRF 的安全操作限制范围内。一旦飞行验证器接近安全操作限制边界，地面试验主管根据严重程度或警告航天员，或及时终止试验；若航天员意识到飞行过程出现了严重问题，也可自主终止试验。当飞行验证器安全降落至地面后，飞行试验结束。

飞行试验过程中出现 LLRF 随动系统异常而紧急制动的情况时，飞行验证器在吊绳吊挂下会出现来回摆动的情况，万向吊具可以起到一定的限制作用，随后由指挥控制中心的操作人员通过 LLRF 的提升机构将飞行验证器缓慢降至地面。下降过程中如果提升机构出现故障，还可以通过操控 LLRF 的桥式起重机将飞行验证器降至地面。LLRF 既可通过指挥控制中心进行远程操作，也可通过安装在主体结构的近端控制箱进行操作。也就是说，LLRF 针对试验过程中的故障情况，有提升机构和桥式起重机两种手段可以紧急将飞行验证器降至地面，操作上也同时具备远程和近程两种方式，以实现冗余备份，确保试验安全。此外，一旦 LLRF 不能将飞行验证器降至地面，还准备了升降车随时待命来处理紧急情况。

飞行验证器降至地面后，航天员操控使推进剂和氦气储箱降压。地勤人员用水冲刷地面区域及清理验证器的相关部位，以消除推进剂残余。消防人员和消防设备在地面随时待命，以防推进剂泄漏引发火灾。

7.4　航天员大范围活动低重力模拟试验技术

随着载人登月、载人登火的发展，着陆后航天员在月球、火星等地外天体表面较大范围开展相关作业的需求非常迫切。然而，月面、火面等低重力环境对航天员生理机能尤其是人体运动模式造成很大影响，可能导致任务执行效果和效率达不到预期目标。为确保优质高效地完成地外天体表面作业，如何在地面构建高精度的低重力条件及模拟表面环境，实现足够大的活动范围，以对航天员的月面、火面等活动进行长时间真实可靠的验证、训练及评估成为必须解决的问题。

实现航天员在月球、火星等地外天体表面开展各类作业活动的验证和训练，最主要的是创造相应的低重力环境。如本书第 2 章所述，针对飞行器的验证需求已经发展出了各种低重力模拟试验技术，但不能满足航天员大范围活动低重力试验的需求。对于人体的实际测试，无法使用缩比相似模型来开展；斜面试验法局限为单方向模拟，不满足人员在地外天体表面的多维度运动模拟需求；悬吊试验法往往用于整体的低重力模拟，虽然可以基于此种方法开展航天员低重力环境下的步行模拟训练，如美国重返月球计划中研制的主动响应去重力系统（Active Response Gravity Offload System，ARGOS），但由于单点悬挂的局限，不能抵消人体多活动关节的重力载荷，难以满足人体多关节活动的动作效用验证；失重试验法的作用时间和运动范围非常有限；浮力平衡法中，水的动态阻尼和黏滞效应对试验产生影响，导致航天员在水槽中动作的速度必须限制在较低的程度，否则流体的阻力作用将使失重效果严重失真；悬浮试验法主要用于二维平面运动的模拟试验，且一般用于微重力模拟；配重平衡法一般只能实现垂直方向单一维度的短行程验证[9-11]。

对于低重力环境下航天员的运动训练，低重力模拟系统应满足的主要需求包括：模拟重力作用的运动范围足够大，覆盖地外天体表面作业的验证需求；具备多组自由度，不妨碍航天员行走、操作时不同姿态间的变换，尽量能适应全身主要关节的活动需求；模拟时间足够长，从而满足试验验证和训练的效果。针对这些需求，基于被动式外骨骼系统的低重力模拟技术得到发展并成为极具前景的试验方法。

被动式外骨骼系统即无能源外骨骼，采用被动重力平衡技术，将穿戴者自身的重力通过弹簧等机构抵消，利用穿戴者自身的动作来带动执行。由于重力平衡补偿，穿戴者时刻处于低重力环境中，且基本不受运动速度的局限，因此被动式外骨骼在模拟低重力环境下航天员的运动训练上具有巨大的优势[12-14]。

Lu 等提出了基于静态平衡技术的无源降低重力仿真器，如图 7 - 5（a）所示，该装置能够使人在可控低重力条件下模拟行走。其双平行四边形机构加上躯干支撑平台是 6 关节机构，提供 5 自由度移动性，允许人体躯干在机构工作空间内的所有 3 个平移轴和 3 个旋转轴中的两个自由移动，唯一受限制的旋转自由度是躯干的侧倾运动[15]。Ma 等在此基础上利用小型类人机器人［图 7-5（b）］进行了实验，研究了弹簧设计安装问题及评估系统的动态效果和灵敏度[16]。Paz R 等依据弹簧法静平衡原理提出了一个自动平衡的简易的低重力训练平台［图 7-5（c）］，该装置通过丝杠来调整弹簧的安装位置[17]。Xiu 等搭建了可用于真人模拟训练的无源减重系统，如图 7-5（d）所示，能够被动补偿部分或全部重力。测试表明，该模拟器能够使试验人员在行走或跳跃时感觉自己处于减轻重力的环境中，证明了使用基于弹簧的静态平衡技术以多自由度方式补偿人体重力的可行性[18]。

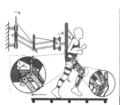   

(a) 基于静态平衡技术的　　　(b) 小型类人机器人　　　(c) 低重力训练平台　　　(d) 无源减重系统
　　无源降低重力仿真器

图 7-5　　各类航天员低重力训练被动式外骨骼系统

我国乔兵和陈卓鹏等针对月球或火星登陆航天员在地面进行低重力步行模拟训练的需要，提出一种采用被动重力平衡技术的外骨骼机器人系统，如图 7-6 所示[12]。该系统由一台跑步机和一套可穿戴的被动机械外骨骼组成，其以具有静态被动平衡能力的弹簧平行四边形机构为基础，建立包含躯干和四肢的机械外骨骼系统。该外骨骼系统通过一个串联的弹簧平行四边形机构与固定基座连接，通过选择合适的弹簧弹性系数或调整弹簧的安装位置，可以将机构自身的重力和一定比例的人体重力平衡掉，从而使受训者在步行过程中其身体及各主要关节感受到失去一定比例重力载荷的效应。江一帆[13] 和陈卓鹏[14] 在此基础上利用刚度矩阵方法设计并分析了用于宇航员低重力模拟训练的全身被动外骨骼系统的构型，通过更换不同刚度系数的弹簧或调节弹簧的安装位置，能够实现对 0~1g 内任意低重力环境的模拟，研究结果认为该外骨骼构型能满足宇航员低重力模拟训练的需要。

从上述国内外用于低重力模拟训练的外骨骼系统发展情况来看，基本是采用基于平行四边形杆件和轻质弹簧实现的被动平衡设计原理。当需要平衡的重力改变时，改变系统部分参数可以再次实现系统的静态被动平衡。

对于图 7-7 所示串联平行四边形被动平衡机构，文献［14］推导了所需各单元弹簧的弹性系数的求解方法，机构系统总势能包括各弹簧的弹性势能及各杆件的重力势能。由于机构能够平衡在任意位置，因此总势能相对机构的姿态角的偏导数为零，据此可得到各弹簧的弹性系数为

$$k_i = \frac{(m_{i1}+m_{i2}+m_{i3}l_i/r_i)r_i + \sum_{j=i}^{n}(m_{1+j1}+m_{1+j2}+m_{1+j3})l_i}{a_ib_i}g \qquad (7-1)$$

式中，k_i 为第 i 个平行四边形中弹簧的弹性系数；l_i 为弹簧伸长；m_{i1}、m_{i2}、m_{i3} 分别为第 i

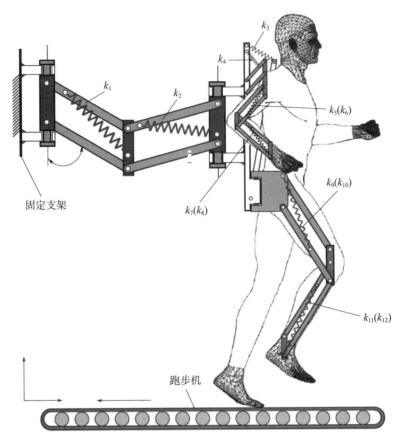

图 7 - 6　一种低重力步行模拟训练外骨骼系统概念图

个平行四边形中 3 个活动杆件的质量；r_i 为第 i 个平行四边形中上部和下部杆的质心位置；a_i、b_i 为弹簧对应的安装位置。

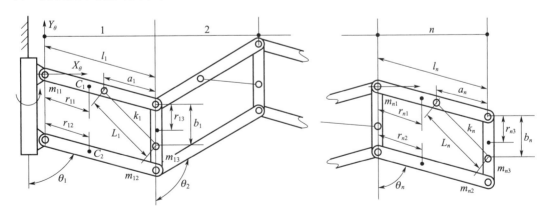

图 7 - 7　串联平行四边形被动平衡机构

　　一般来说，制造一个弹性系数刚好等于 k_i 的弹簧是困难的，因此需将弹簧的安装位置 a_i、b_i 做成可调节的，这样可以先根据式（7 - 1）求得的弹性系数初选一个标准弹簧，

然后通过调节 a_i、b_i 使得机构具备任意位置重力平衡的能力。进一步考虑参试人员的重力势能后，基于总势能恒定原理，可计算得到零重力模拟状态下各弹簧的弹性系数。为了在地表通过该被动平衡机构模拟月球表面或火星表面的重力环境，只需将各单元弹簧的弹性系数乘以拟平衡掉重力的比例系数即可。例如，对于模拟月球，需要平衡掉 5/6 的重力，那么要将各弹性系数结果乘以 5/6。

为了实现航天员大范围活动的低重力模拟试验，可以将被动式外骨骼系统与低重力模拟试验平台相结合，如图 7-8 所示。被动式外骨骼系统安装在悬吊试验系统的随动平台上，利用分级随动模式的悬吊试验系统实现航天员大范围的平面运动跟随，利用外骨骼系统实现航天员多关节的低重力施加，即将图 7-6 所示外骨骼系统中的跑步机取消，外骨骼系统安装在随动平台上，地面可以设置地外天体表面的地形地貌和特征地质，从而更为逼真地实现航天员登陆后在地外天体表面开展作业活动的模拟试验。

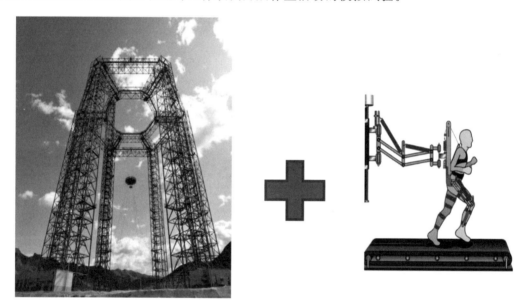

图 7-8　低重力模拟试验平台与被动式外骨骼结合

参 考 文 献

［1］ 果琳丽，王平，梁鲁，等．载人月面着陆及起飞技术初步研究 ［J］. 航天返回与遥感，2013，34 （4）：10－16.

［2］ 周文明，李孝鹏，李福秋，等．载人登月任务人-机系统安全性分析及对策研究 ［J］. 载人航天，2019，25 （4）：525－533.

［3］ BELLMAN D R，MATRANGA G J. Design and operational characteristics of a lunar － landing research vehicle ［R］. NASA TN D － 3023，1967.

［4］ BOISSEAU P C，SCHADE R O，CHAMPINE R A，et al. Preliminary investigation of the handling qualities of a vehicle in a simulated lunar gravitational field ［R］. NASA TN D － 2636，1967.

［5］ JARVIS C R. Flight － test evaluation of an on － off rate command attitude control system of a manned lunar － landing research vehicle ［R］. NASA TN D－3903，1967.

［6］ GELZER C. The lunar landing research vehicle：prelude to the arrival at tranquility base ［J］. AIAA 2006：7468.

［7］ 田林，戚发轫，果琳丽，等．载人月面着陆地形障碍探测与规避方案研究 ［J］. 航天返回与遥感，2014，35 （6）：11－19.

［8］ O'BRYAN T C，HEWES D E. Operational features of the langley lunar landing research facility ［R］. NASA TN D－3828，1967.

［9］ 马爱军，闫利，徐水红，等．国内外典型航天特因环境选拔训练设备及其应用 ［J］. 航天器环境工程，2019，26 （2）：103－111.

［10］ 江一帆，乔兵，赵颖．航天员低重力运动模拟训练方法与研究综述 ［J］. 载人航天，2018，24 （2）：227－237.

［11］ 沈羡云，唐承革．太空漫步训练 ［J］. 中国航天，2005 （5）：34－35.

［12］ 乔兵，陈卓鹏．航天员低重力步行训练被动外骨骼机器人模拟 ［J］. 宇航学报，2014，35 （4）：474－480.

［13］ 江一帆．宇航员低重力模拟训练被动外骨骼系统设计与仿真 ［D］. 南京：南京航空航天大学，2017.

［14］ 陈卓鹏．航天员低重力步行训练被动外骨骼系统概念研究 ［D］. 南京：南京航空航天大学，2014.

［15］ LU Q，MCAVOY J，MA O. A simulation study of a reduced － gravity simulator for simulating human jumping and walking in a reduced － gravity environment ［C］. Proceedings of the ASME Dynamic Systems and Control Conference 2009，DSCC2009. 10. 1115/DSCC2009 － 2629.

［16］ MA O，LU Q，MCAVOY J，et al. Concept study of a passive reduced － gravity simulator for training astronauts ［C］. ASME International Design Engineering Technical Conferences & Computers & Information in Engineering Conference，2010.

［17］　PAZ R A，BARAJAS J C，MA O. Autobalancing control for a reduced gravity simulator ［C］.
　　　　 IEEE/ASME International Conference on Advanced Intelligent Mechatronics，2013.

［18］　XIU W，RUBLE K，MA O. A reduced‐gravity simulator for physically simulating human walking
　　　　 in microgravity or reduced‐gravity environment ［C］. Proceedings‐IEEE International Conference
　　　　 on Robotics and Automation，2014.

第8章 典型试验实施方案

8.1 着陆冲击试验实施方案

8.1.1 试验原理

地外天体探测器着陆过程中要承受着陆冲击，冲击载荷可能会对探测器结构、设备带来一定的损坏，故需研究探测器对着陆冲击的响应程度，提供着陆冲击的关键性能和数据，验证探测器结构设计、缓冲机构设计的冲击衰减性能，对探测器的着陆安全性做出评价[1,2]。

实施探测器着陆冲击试验的基本目的就是要模拟探测器的着陆状况，最关键的是要模拟出探测器在地外天体表面着陆时的垂直速度和水平速度。

试验工况所需的着陆速度可采用摆锤原理获得，试验投放原理如图8-1所示。吊高投放试验塔（以下简称"高塔"）安装有四杆复摆机构，利用着陆验证器重量自由向下摆动。当摆杆向下摆到铅垂位置时，释放着陆验证器，着陆验证器即做平抛运动，并在重力作用下以一定的水平速度和垂直速度落地。

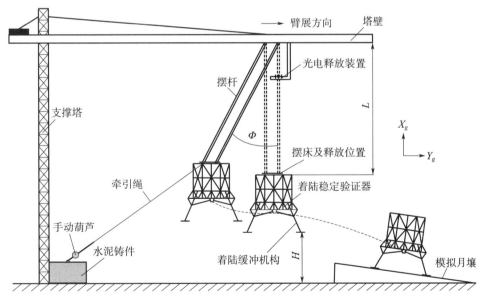

图8-1 着陆冲击试验投放原理

摆杆长度及摆角计算：在不计摆动件的机械摩擦阻力和空气阻力的情况下，摆杆长度

L、水平速度 V_h 及摆杆的初始摆角 φ 有如下关系：

$$\varphi = \arccos\left(1 - \frac{V_h^2}{2gL}\right) \tag{8-1}$$

着陆验证器下底面距地面高度计算：根据试验工况要求的垂直速度 V_v，按式（8-2）计算着陆验证器下底面距模拟月壤或模拟火壤等表面的高度（一般考虑着陆验证器足垫底面高度）：

$$H = \frac{V_v^2}{2g} \tag{8-2}$$

8.1.2　试验系统

本节内容以月球探测着陆冲击试验为例。试验系统主要由试验件（着陆验证器）、模拟月壤试验床、试验高塔、无线光电控制装置、姿态调节装置、拉偏装置（牵引绳、手动葫芦和水泥铸件等）、地面测量设备和其他地面辅助设施等组成。火星探测等其他地外天体探测着陆冲击试验与月球探测着陆冲击试验的系统组成和实施方案基本一致，试验实施方案根据试验件、试验工况、模拟天体表面需求的不同而调整。

试验前，将着陆缓冲机构安装到着陆验证器，待准备好测量设备后将着陆验证器通过投放架与试验塔架摆床连接固定，并绕支撑塔旋转至模拟月壤试验床上方。根据试验工况确定模拟月壤凹坑或凸起铺设位置，调节姿态角、初始投放高度和拉偏角度。试验开始时，释放牵引绳，当着陆验证器摆动到最低点时，无线光电控制装置发出解锁信号，投放架释放着陆验证器，着陆验证器以一定水平速度和垂直速度落至模拟月壤表面。

8.1.3　试验投放方案

试验采用高塔进行投放，所需水平速度和垂直速度由高塔的吊高与复摆装置的初始位置获得。着陆验证器起吊至预定高度并拉到摆角位置后释放，着陆验证器做圆周运动。当着陆验证器到达垂直位置最低点时，接通无线光电控制电路，击发挂弹夹，着陆验证器做平抛运动，即可获得试验所需的水平速度与垂直速度。

根据试验工况，针对着陆验证器所需投放的水平速度和落地垂直速度确定合适的摆杆长度和投放高度。试验时将初始摆角 φ 转化成水平距离控制，通过全站仪测量；投放高度 H 也可通过标尺测量。最终使用激光测距仪精确测量投放高度和摆杆的初始摆角，符合试验工况要求后方可继续试验。

试验前先将高塔的四杆复摆装置安装到塔臂上，并安装挂弹夹及投放架。投放架上设有设备安装板，用于安装挂弹夹投放控制装置。投放控制装置通过光电传感器进行触发。将着陆验证器与挂弹夹连接好后，将着陆验证器起吊适当高度后旋转支撑塔至模拟月壤试验区域。缓慢提升塔臂套架至着陆验证器到达预定高度，并通过牵引绳和地面水泥铸件安装的手动葫芦将着陆验证器斜拉至试验预定角度，牵引绳系在摆床挂钩上。根据试验工况要求，试验中着陆验证器的俯仰角、偏航角有多种不同的状态，通过四杆复摆装置下的姿态调节装置进行设定，以满足试验要求。

试验采用无线光电控制装置判断着陆验证器投放时机,控制挂弹夹投放。

（1）无线光电控制装置的组成

无线光电控制装置的组成框图如图 8-2 所示。

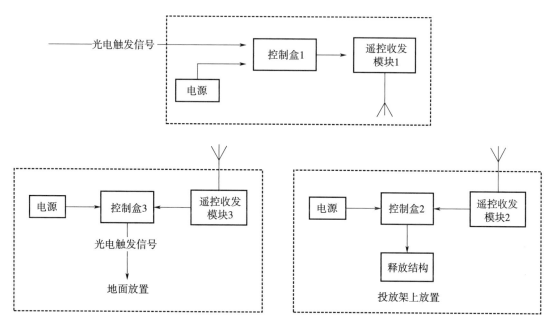

图 8-2　无线光电控制装置的组成框图

投放时,光电触发信号通过遥控收发模块 1 调制后发送;与此同时,投放设备端的遥控收发模块 2 和地面设备端的遥控收发模块 3 接收该信号;遥控收发模块 2 控制释放机构释放模型,遥控收发模块 3 给出多台高速摄像的同步触发信号。

（2）光电触发装置的组成

光电触发装置的组成如图 8-3 所示。

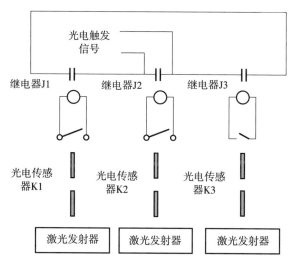

图 8-3　光电触发装置的组成

K1、K2、K3 为 3 个光电传感器，分别控制 3 个磁保持继电器 J1、J2、J3，继电器 J1、J2、J3 串联。试验时，当摆杆运行到 $-2°$ 时切断 K1 激光束，这时继电器 J1 闭合；摆杆运行到 $0°$ 时切断 K2 激光束，继电器 J2 闭合。由于事先将 K3 设置为切断激光束断开，因此当摆杆没有运行到 K3 时，J3 一直处于接通状态。所以，当摆杆运行到 $0°$ 时，J1、J2、J3 全部接通，此时光电触发电路闭合，发出光电触发信号，着陆验证器释放。当摆杆继续运动，经过 $2°$ 位置切断 K3 激光束时，J3 断开，光电触发电路断电，若着陆验证器没有正常释放，则本次试验将不再释放着陆验证器。

8.1.4　着陆冲击试验床实施方案

为了提高探测器着陆冲击试验测试参数的真实性和可靠性，需要在试验场内建造着陆冲击试验床，用来仿真探测器着陆月面的月壤力学性能。试验床方案需根据月壤物理力学性能研究、模拟月壤实验室结果及着陆冲击模拟试验床地基土的勘察和测试，结合落体撞地冲击动力学有限元分析，并考虑在相同模拟冲击试验床介质条件下可进行多次着陆验证器冲击试验及试验床应易于维护等因素确定。其中，模拟月壤的相关内容如本书第 3 章所述，此处简述试验床的实施方案。

铺设模拟月壤的着陆冲击试验床试验区域的具体摆放位置需要根据高塔投放设施的性能及方位确定，与试验场的具体情况密切相关。

试验床由模拟月壤铺设区和干粉土填筑区组成，我国"嫦娥三号"建设的冲击试验床尺寸和结构如图 8-4 所示。试验床横截面为梯形结构，其上端面尺寸为 19.2 m（长）×18.2 m（宽），下端面尺寸为 11 m（长）×10 m（宽），总深度为 4.1 m。试验床底端及四周浇注 0.1 m 厚防渗水泥，试验床顶端四周建有高出水平地面 0.2 m 的防水挡墙。模拟月壤铺设区的尺寸为 13 m（长）×12 m（宽）×1 m（深），其边界需做防渗和防潮处理。

根据试验工况，除平面外，模拟月壤还需要铺设不同的坡度着陆面工况，铺设时坡面两侧利用土工袋堆积巩固。部分试验工况还需模拟着陆验证器落在表面凸起或凹坑上。试验实施中，凸起可由高标号混凝土浇筑而成，两端面设置把手，便于起吊和运输。设置凹坑时，事先根据计算的着陆验证器水平运动距离，在模拟月壤表面相应足垫位置挖出一个略大于有效尺寸的坑，再将加固木板组装好放入坑中，并用模拟月壤将加固板外边缘四周填实。

为了确保模拟月壤的性能，防止受潮影响模拟月壤的含水率参数，除了模拟月壤铺设区的边界做防渗和防潮处理外，还对整个冲击试验床设置有防风防雨功能、可移动的防护棚。

8.1.5　试验测量方案

着陆冲击试验的测量项目主要有 3 部分内容，即力和加速度参数测量、着陆验证器运动参数测量、投放时和着陆后位置参数测量。力和加速度参数主要包括着陆缓冲机构与模拟主结构间的作用力，以及着陆缓冲机构和模拟主结构关键部位的加速度响应；着陆验证

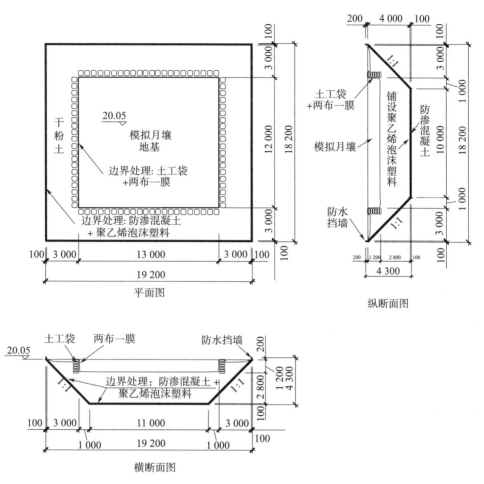

图 8-4　"嫦娥三号"建设的冲击试验床尺寸和结构

器运动参数主要包括着陆验证器的运动速度、姿态角度、角速度、角加速度及主/辅支柱缓冲行程等。投放时和着陆后位置参数主要包括测量点的高度、水平距离等，采用全站仪、直尺等进行常规测量，本书不作专门介绍。

（1）力和加速度参数测量方案

以"嫦娥三号"着陆冲击试验为例，由于着陆验证器共安装 4 套着陆缓冲机构，且 4 套着陆缓冲机构的测点位置相同，因此总的测点是单套着陆缓冲机构测点的 4 倍。单套着陆缓冲机构的力和加速度测点位置如图 8-5 所示，其中加速度测点为 A1、A2 和 A3，载荷测点为 B1、B2 和 B3。由于两套相邻着陆缓冲机构的辅助支柱接头比较接近，因此 4 套着陆缓冲机构只测量 4 个辅助支柱接头处，加上着陆稳定验证器顶板中心处和着陆验证器质心处，加速度测点共计 14 个。着陆缓冲机构与模拟主结构间的作用力测点共 12 个，每个测点测量 X、Y、Z 3 个方向的载荷分量。A1、A2、A3 的具体安装位置可根据着陆验证器的具体结构现场确定；B1、B2 和 B3 均采用三向力传感器测量，由着陆验证器提供传感器相应的机械接口。

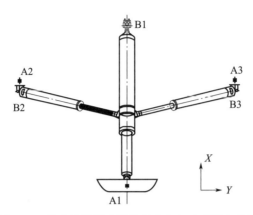

图 8-5 单套着陆缓冲机构的力和加速度测点位置

为了不影响模型的投放，数据采集设备和电池固定于着陆验证器中部的设备安装板上，传感器通过电缆与数据采集设备连接，试验后读出数据采集设备中的试验数据，通过分析软件得出所需测量数据结果。影响力和加速度测量数据精度的主要因素是测量仪器的系统误差、传感器的横向灵敏度及漂移。对于某些测得数值较小的通道，误差主要来源是传感器的横向灵敏度的影响。

（2）着陆验证器运动参数测量方案

试验采用摄像测量方法满足着陆验证器位置、速度、姿态、姿态角速度等运动参数的测量需求。考虑到着陆验证器具备规则的几何外形，可基于单目视觉方法进行测量。试验时设置 2 台高速摄像机全景同步拍摄目标的运动图像，可互为备份。将摄像机采集的序列图像传输到处理与分析计算机内，从图像中提取目标，利用单摄像机三维图像测量技术进行三维空间计算，处理后得到目标的运动速度及姿态参数。

除了着陆验证器整体的运动参数外，着陆冲击试验往往还需对着陆缓冲机构主/辅支柱缓冲行程的动态过程进行测量。试验采用 4 台高速摄像机进行主/辅支柱缓冲行程的测量，每台高速摄像机对应拍摄单套着陆缓冲机构上的主/辅支柱。试验时 4 台高速摄像机同步拍摄目标的运动图像。将摄像机采集的序列图像传输到处理与分析计算机内，从图像中提取目标，利用单摄像机三维图像测量技术进行三维空间计算，处理后得到每根支柱缓冲行程的时间曲线。4 台高速摄像机的摆放如图 8-6 所示。

基于摄像测量方法，试验中位移的测量精度与标志定位精度及视场大小有关。按照 5 m×5 m 视场，摄像机分辨率为 1 600 像素×1 200 像素，标志定位精度为 1 个像素进行计算（采用非合作标志为 1 个像素），在垂直于摄像机光轴方向上的位移测量精度为 4 mm。速度的测量是在位移数据基础上进行求导，并进行二阶中心平滑，使用的高速摄像机帧频为 500 帧/s，对位移数据进行 31 点平滑滤波，则速度测量误差约为 40 mm/s。

由于基于单目视觉的着陆器缓冲着陆姿态测量是利用分布在着陆器表面的合作标志的图像坐标与其空间坐标之间的几何关系来进行测量的，需要分析转角的测量精度，如图 8-7 所示。

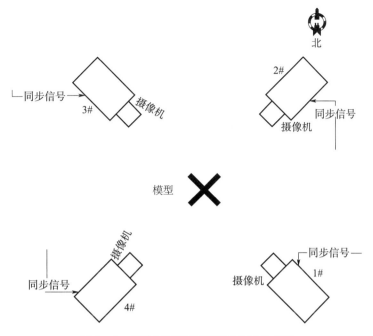

图 8-6　缓冲行程测量高速摄像机的摆放

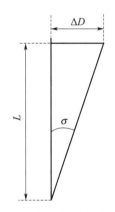

图 8-7　转角测量精度分析

　　试验中使用的摄像机分辨率为 1 600 像素×1 200 像素，多次实际标定试验数据表明由上述简化线性模型对摄像机标定后的平均重投影误差约为 0.6 像素，对序列图片通过跟踪定位提取到的各个对顶角标志的定位精度约为 0.1 像素，视场中着陆验证器成像占用的图像大小为 1 000 像素×800 像素，则合作标志在图像平面内转角的测量精度为

$$\sigma = \arctan(\Delta D / L) = \arctan(0.7/800) \approx 0.05°$$

　　缓冲行程的测量与姿态和位移、速度测量精度不同，由于支柱行程的测量方法是基于图像比例方法，因此其测量精度仅与特征标志的图像定位精度和摄像机视场大小有关。按照 3 m×3 m 视场、摄像机分辨率为 1 024 像素×1 024 像素、标志定位精度为 1 像素（非合作标志）进行计算，垂直于摄像机光轴方向的缓冲行程测量精度为

$$d_\perp = \frac{1}{1\,024} \times 3\,000 \text{ mm} \approx 2.9 \text{ mm}$$

对于具有一定离面角度的位移测量，其精度与面内位移测量精度之间存在一个 $\cos\theta$ 的比例因子。实际拍摄时，离面角大约为 $45°$，因此着陆器缓冲行程的测量精度为

$$d = \frac{d_\perp}{\cos\theta} \approx 4.1 \text{ mm}$$

8.2 着陆稳定性试验实施方案

8.2.1 试验原理

对于月球、火星等地外天体，表面均为低重力环境，探测器以一定的速度着陆相比地球更容易发生倾倒，需要对着陆稳定性能进行充分的验证[3]。地外天体着陆稳定性试验一般采用第 2 章所述的斜面试验法实施，其原理是使试验验证器以一定的速度、姿态着陆在一定角度的斜面上，利用斜面的法向分力来实现在地外天体着陆时的低重力模拟，其基本试验原理见第 2 章所述。

探测器的着陆稳定性除了与软着陆支架的性能密切相关外，还受到着陆时软着陆支架不同着陆腿的朝向的影响，故着陆稳定性试验过程中需针对不同的着陆方式进行验证。对于 4 腿软着陆支架，主要考虑 1-2-1 及 2-2 两类着陆方式。1-2-1 着陆方式即着陆时 1 条着陆腿朝前，2 条着陆腿在中间，另 1 条着陆腿在最后；2-2 着陆方式即着陆时 2 条着陆腿朝前，2 条着陆腿在后。着陆稳定性试验原理如图 8-8 所示，其中图（a）为试验实施整体，图（b）（c）分别为 1-2-1 和 2-2 着陆方式。

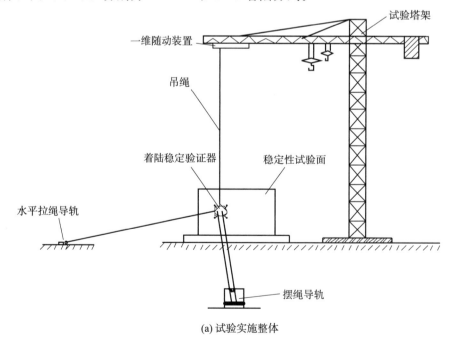

(a) 试验实施整体

图 8-8 着陆稳定性试验原理

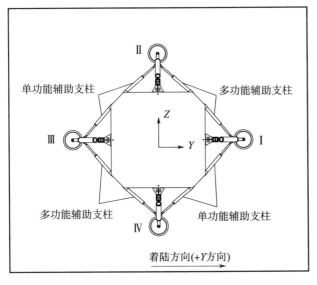 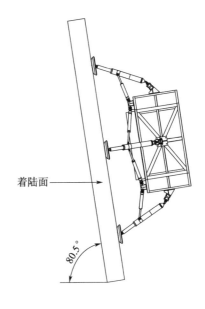

(b) 1-2-1着陆方式

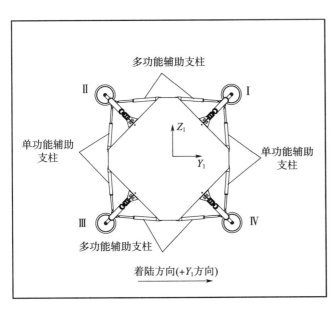 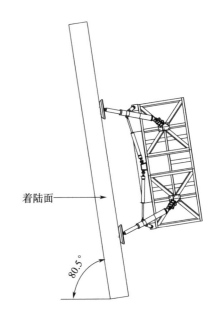

(c) 2-2着陆方式

图 8-8　着陆稳定性试验原理（续）

8.2.2　试验系统

　　着陆稳定性试验系统主要由着陆稳定验证器、稳定性试验面、试验塔架（含随动装置）、吊挂释放装置（吊绳、摆绳、水平拉绳及释放装置等）和地面测量装置等组成。以"嫦娥三号"着陆稳定性试验为例，说明如下。

1）稳定性试验面用于模拟月球重力场。稳定性试验面与竖直方向的夹角为 9.5°，组合体在稳定性试验面法向上的重力分量恰好为组合体质量的 1/6。

2）稳定性试验面可模拟月壤的 0.4 和 ∞（无穷大）两种摩擦系数及典型着陆区的月球表面地形特征，用于考核探测器触地后与月壤的相互作用。

3）着陆稳定验证器通过吊绳吊挂在试验塔架的随动装置上，随动装置实现对验证器的一维随动，在验证器运动过程中保持吊绳对验证器拉力的大小和方向。

4）吊挂释放装置主要由悬挂装置、吊绳、摆绳、摆绳释放装置、摆绳角度调整装置、水平拉绳、水平拉绳释放装置、水平拉绳角度调整装置、到位触发装置等部分组成。在试验过程中，通过各种绳索的吊挂和顺序断开，验证器获得相对于着陆面的水平速度和垂直速度。

5）摆绳和水平拉绳实现验证器的着陆速度和着陆姿态。

6）地面测量装置采集试验过程中的数据。

8.2.3　试验投放方案

（1）试验投放过程

1）试验前，调节塔臂至平行于稳定性试验面的位置，通过防旋固定装置锁止塔身。通过吊绳悬吊验证器使其与着陆面的相对位置满足试验要求，并连接摆绳与水平拉绳，如图 8-9 所示。

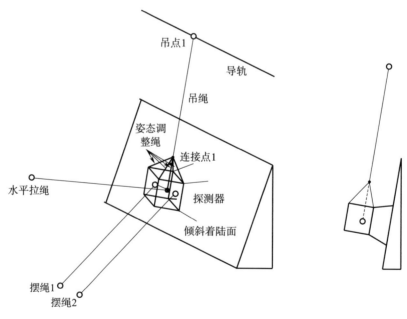

图 8-9　验证器吊装原理

2）采用摆绳将验证器吊离稳定性试验面，此时验证器在吊绳和摆绳的拉力作用下保持平衡，记为平衡位置，如图 8-10（a）所示，此时吊绳和摆绳形成的平面同时垂直于水平面和稳定性试验面，将摆绳固定。

3）采用水平拉绳将验证器从平衡位置拉偏至初始释放位置，初始拉力方向与随动装置运动方向一致，水平拉绳到位后，验证器在吊绳、水平拉绳和摆绳的作用下保持平衡，记为初始释放位置，如图 8 - 10（b）所示，固定水平拉绳。

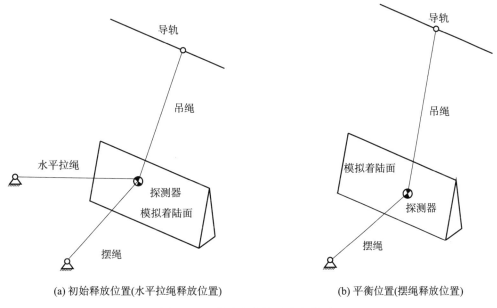

(a) 初始释放位置(水平拉绳释放位置)　　　　　　(b) 平衡位置(摆绳释放位置)

图 8 - 10　着陆稳定性试验释放原理

4）试验开始后，释放水平拉绳，则验证器在吊绳和摆绳的拉力作用下由初始释放位置至平衡位置之间做双线摆运动，到达平衡位置处即可获得验证器相对稳定性试验面的水平运动速度，在平衡位置处触发光电传感器，无线控制火工装置动作释放摆绳，同时随动装置导轨上的滑块沿导轨方向被动跟随验证器并保证吊绳的偏角要求，验证器沿相对稳定性试验面垂直方向做单摆运动，与着陆面接触前获得验证器相对该面的水平速度、垂直速度和着陆姿态。

（2）着陆稳定验证器吊挂方案

着陆稳定性试验验证器吊挂方式对试验成败影响巨大。吊挂点既要能满足 1 - 2 - 1 工况下的 4 种试验状态和 2 - 2 工况下的 4 种试验状态，又要能满足对俯仰角变化的调节。

1）吊绳吊挂方案。

吊绳在试验过程中始终吊在验证器上，并要求在验证器运动过程中始终通过质心，吊绳应至少连接 4 个吊挂点。如图 8 - 11 所示，吊绳由 1 根主吊绳和 2 根固定长度的分吊绳组成，2 根分吊绳的两端分别与平行验证器侧面的吊点连接，2 根分吊绳汇交到一个调节点上，调节点可以在分吊绳上滑动，2 根分吊绳的一端可以调节长度，保证吊绳的拉力过质心，主吊绳与调节点连接。

2）摆绳吊挂方案。

摆绳在试验中为验证器提供垂直速度并能调节验证器的俯仰角，由 2 根平行的固定

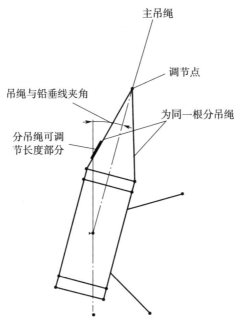

图 8-11 吊绳连接形式侧视图

长度的主摆绳和2根固定长度的分摆绳组成，在验证器上顶面均布的8个吊挂点即可满足要求。如图8-12所示，在每次试验过程中，2根固定长度的分摆绳的两端分别连接同侧的2个吊挂点，分摆绳上的调节点与主摆绳相连，调节点可以在分摆绳上滑动，2根分摆绳的一端可以调节长度，保证摆绳的拉力过质心。主摆绳上安装火工装置，用于摆绳的分离；另一端与地面的连接装置连接，通过调节连接装置的角度控制验证器的俯仰角度。

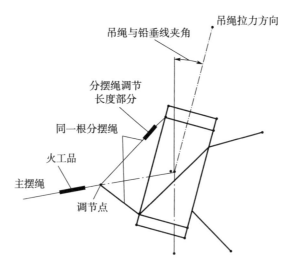

图 8-12 摆绳连接形式侧视图

3）水平拉绳吊挂方案。

试验中拉绳相对质心的偏移程度对验证器的俯仰姿态有很大的影响。通过将质点万向吊具（图 8 - 13）安装在质心高度，使拉力可以在各个方向过质心。拉绳与质点万向吊具的吊环连接，分离释放装置安装在拉绳靠近验证器一端。

(a) 验证器质心处万向吊具的安装　　　　　　(b) 万向吊具的结构

图 8 - 13　水平拉绳吊挂专用吊具

（3）试验触发释放方案

试验投放过程中的触发释放原理如图 8 - 14 所示，共包含以下 5 个关键步骤。其中，无线光电控制方案与上节着陆冲击试验基本一致，但需要增加水平拉绳释放、摆绳释放环节。

1）试验准备：将光电触发装置调试到满足试验要求，将控制装置、触发装置、器上设备和地面设备安装到位并按要求调试好；将验证器通过转运支架运至试验塔下，并通过吊绳、摆绳和水平拉绳将验证器吊装到试验初始位置，等待正式试验开始。

2）水平拉绳释放：试验开始，控制装置触发释放装置，使得水平拉绳与验证器分离，验证器随吊绳和摆绳从初始位置开始运动。

3）光电触发：验证器随吊绳和摆绳从初始位置运动到平衡位置，当摆绳通过平衡位置瞬间，光电传感器发出光电触发信号。

4）摆绳释放：控制器接收光电触发信号后，控制火工装置 1 和火工装置 2 动作并分离，摆绳切断释放，同时控制器发出高速摄像和测量系统的同步触发信号。

5）试验撞击：验证器继续向前运动，吊绳顶端的滑块在导轨上被动随动，直至试验撞击结束。

8.2.4　稳定性试验面实施方案

着陆稳定性试验面是着陆稳定性试验的核心设施，对于月面 1/6 地球重力加速度，斜面与水平方向夹角约为 80.5°；对于火星 3/8 地球重力加速度，斜面与数值方向夹角约为 68°。稳定性试验面主要由摩擦材料、着陆面、支撑结构等组成，如图 8 - 15 所示。

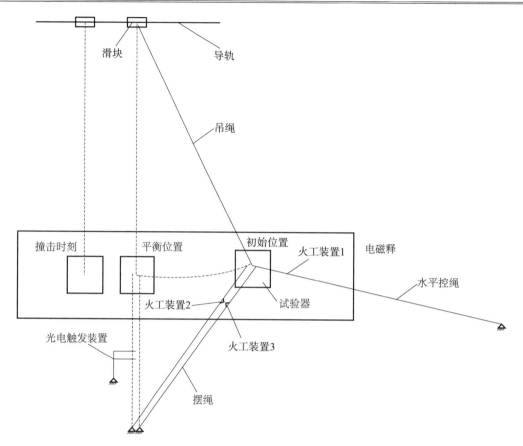

图 8 - 14　试验触发释放过程原理

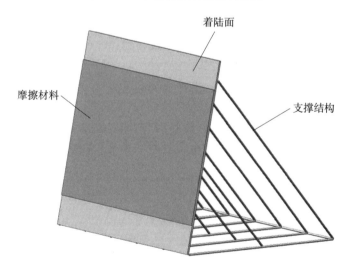

图 8 - 15　着陆稳定性试验面子系统的组成

摩擦材料与钢材的摩擦系数可以通过改变下面 3 种因素来获得：油漆种类、漆膜厚度和不同的着陆面表面粗糙度，以实现 0.1～1.0 的摩擦系数范围。采用在着陆面和缓冲足垫上粘贴特定尼龙搭扣的形式可以实现近无穷大摩擦系数的模拟。

　　着陆面要承受冲击载荷，就要保证有足够的抗压强度、抗剪强度、韧性和反复使用性等。考虑材料的强度和其他物理力学性质，通过对木材、塑料和橡胶材料等进行分析，选用松木进行定制可以满足技术要求。对于着陆面上凸起布置的需求，可按需要由板块形成不同高度、平面尺寸的台阶状凸起。稳定性试验面试验设施如图 8-16 所示。

图 8-16　稳定性试验面试验设施

　　支撑结构采用钢支架形式，按照承载冲击力进行结构设计与校核，并保证试验面的一阶基频不小于 20 Hz，其设计如图 8-17 所示。

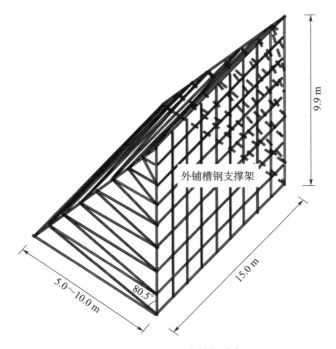

图 8-17　试验面支撑钢支架

8.2.5　试验测量方案

以"嫦娥五号"着陆上升组合体稳定性试验为例，试验要求测量的项目包括 3 部分内容，即着陆缓冲机构各部分的力和加速度响应、验证器下落时的运动参数及主/辅支柱落地时的缓冲行程、验证器投放时和着陆后的位置参数。

（1）力、加速度参数测量方案

为了不影响验证器的投放，载荷参数记录器、高频加速度记录器等安装在验证器模拟结构顶板上。通过专用信号采集电缆将各传感器与信号采集设备连接。试验后读取相应记录器采集的试验数据，通过分析软件得出测量数据结果。

三向力测量包括每个主/辅支柱与模拟结构连接点三向载荷的测量，每个主支柱与模拟结构连接点安装一个三向力传感器，每个辅助支柱与模拟结构连接点安装一个三向力传感器。共布置 12 个传感器，测量通道数为 36 路，试验时用于获取各连接点的载荷响应。

加速度测点共 14 个，测量通道为 42 路，传感器使用 ICP 三向加速度传感器。加速度测点分布如下：顶板中心处 1 个，质心处 1 个，主支柱接头处 4 个，辅助支柱接头处 4 个，足垫处 4 个，具体安装位置由总体现场指定。加速度测点用于获取试验时着陆的冲击响应。

（2）模拟验证器运动参数测量方案

基于摄像测量技术，采用高速摄像获取验证器运动参数，其布置如图 8-18 所示。用 1～4 号高速摄像机同步对应拍摄单套着陆缓冲机构上的主/辅支柱，5、6 号高速摄像机同步拍摄验证器的运动图像。在预投放过程中，找到验证器撞击稳定性试验面瞬间缓冲机构的位置，1～4 号高速摄像机将镜头对准该范围进行拍摄。5 号高速摄像机负责拍摄验证器相对于稳定性试验面水平运动的过程及验证器初始姿态，6 号高速摄像机负责拍摄验证器三维运动轨迹。将摄像机采集的序列图像传输到处理与分析计算机内，从图像中提取目标，利用单摄像机三维图像测量技术进行三维空间计算，处理后得到目标的运动速度及姿态参数。

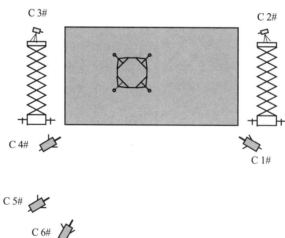

图 8-18　高速摄像机的布置

由于验证器是倾斜吊挂的，四套着陆缓冲机构距地面的高度不同，因此需要将 2 号、3 号高速摄像机架设在高空车上进行拍摄。高速摄像机在搭建、摆放时要注意水平拉绳、摆绳的运动范围，不能与任何绳索发生干涉，干扰验证器的运动。

8.3 悬停、避障与缓速下降试验实施方案

8.3.1 试验原理

悬停、避障与缓速下降试验是在地球环境下，利用试验设施模拟地外天体着陆探测器在进入、减速与着陆段动力下降过程中着陆末期的运动学和动力学特性，从而验证探测器对于着陆安全区域的识别能力及避障控制性能，是对探测器系统设计及制导导航与控制系统、推进系统等关键系统的综合控制能力、着陆姿态调节能力、最终着陆段控制程序设计正确性考核的综合试验。

在我国探月工程和火星探测工程中，着陆验证器悬停、避障与缓速下降试验均采用基于悬吊试验法的原理，试验过程中通过吊绳对着陆验证器施加所需的垂直向上的拉力以抵消部分重力，从而创造低重力环境。对于发动机不参与工作的试验工况，则通过试验设施携带着陆验证器运动，以实现着陆过程的模拟[4,5]。

试验目的主要包括以下几点：①模拟地外天体表面的反散射特性和着陆探测器的运动，考核导航敏感器的动态工作性能；②模拟着陆探测器着陆过程的运动学特征，验证探测器自主导航控制算法；③采用 GNC、推进分系统的真实部件，验证 GNC 与推进分系统的协调工作能力；④模拟着陆探测器在着陆过程中的发动机关机等重要环节设计的正确性；⑤模拟悬停、避障、缓速下降段及着陆的飞行过程，全面考核飞行程序设计的正确性。

8.3.2 试验系统

悬停、避障与缓速下降试验的试验系统主要由探测器验证子系统、低重力模拟试验平台子系统、环境模拟子系统、地面测量子系统、指挥控制子系统、试验保障子系统组成，如图 8-19 所示。

探测器验证子系统由万向吊具、着陆验证器和总控设备组成。其中，万向吊具提供着陆验证器姿态自由度。着陆验证器是试验的被测产品，模拟探测器的真实几何尺寸、质量特性和动力学特性，并且安装有地外天体着陆用的 GNC 系统设备、推进系统设备、供配电设备、着陆缓冲装置等，主要考核缓冲结构的缓冲性能能否达到产品设计要求，GNC 系统能否识别地貌安全区，控制探测器进行悬停、避障，并最终着陆至安全区。GNC 系统主要配置惯性测量单元、星敏感器、光学成像敏感器及主要用于避障的三维成像敏感器。推进系统用于执行 GNC 系统的控制指令，实现验证器姿态控制。总控设备用于接收地面总控设备的控制指令，对 GNC 分系统、推进分系统等参试设备进行加断电控制，提供器上设备时间基准和校时功能，并将器上设备工作状态参数组包，发送至地面总控设备。

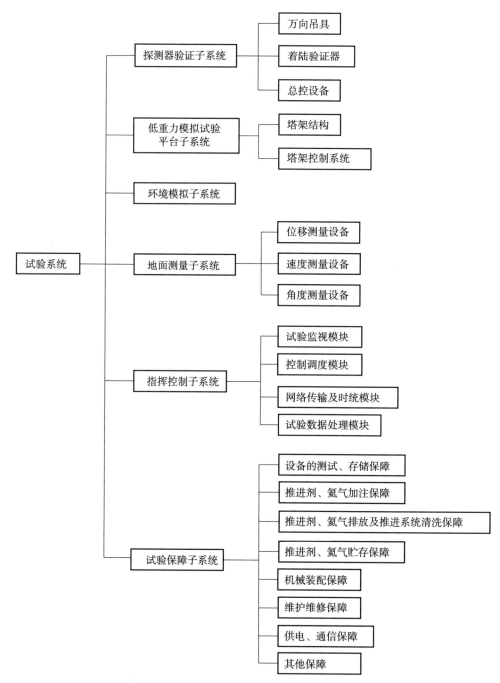

图 8 - 19　悬停、避障与缓速下降试验系统组成框图

低重力模拟试验平台子系统用于模拟地外天体低重力环境,主动带动着陆验证器运动,或在着陆验证器自主运动时进行随动。低重力模拟试验平台提供与万向吊具连接的接口,具备携带着陆验证器在一定体空间内自由运动的功能。同时,低重力模拟试验平台上的拉力精调装置能够为验证器提供通过质心向上抵消验证器重力的拉力,使验证器整体保

持低重力水平。其拉力值由模拟地外天体重力加速度水平、验证器质量及验证器推力确定，并跟随验证器质量及推力而变化。

环境模拟子系统模拟地外天体表面的地形地貌，根据试验要求设置着陆安全区域，并模拟地外天体表面反散射特性。环境模拟子系统主要包括地外天体地形地貌模拟、光照条件模拟和地貌反射特性等环境模拟。试验中采用坡度、凹坑和障碍物（石块）进行不同的组合，用以模拟月球、火星等地外天体表面的地形、地貌环境。针对不同地外天体反射率要求，通过在模拟地表喷涂特种涂料以模拟地貌对激光和微波的反散射特性，在试验时使着陆验证器上的相关敏感器工作在模拟环境中。

地面测量子系统主要用于获取试验过程中着陆验证器的运动和动力学参数。为了减少对着陆验证器的影响，地面测量子系统主要是通过外测手段测量试验过程中着陆验证器的位移、速度、姿态、离地高度等运动参数，通常采用高速摄像手段；内测手段主要用于部分着陆工况，用于测量着陆验证器着陆缓冲性能相关参数，包括缓冲力、加速度等。

指挥控制子系统完成着陆验证器、总控设备、低重力模拟试验平台、地面测量子系统等各系统间的信息数据传输流转，对试验过程进行全方位监控，存储试验影像和重要数据，对试验场各系统提供授时和时统；同时，具备有线、无线语音调度功能，保证试验场区内的人员通信顺畅。

试验保障子系统提供试验过程中供电保障、维修维护保障、地面电测保障、质量特性测试保障、推进剂贮存与加注保障、涉危险品作业安全保障及试验场其他保障条件。

8.3.3　低重力模拟试验平台方案

低重力模拟试验平台是地外天体着陆起飞综合试验场试验实施系统中最为关键且核心的试验设施。为实现地面环境中开展地外天体探测器着陆和起飞的试验验证，根据试验设计需研制高精度、大范围随动的低重力模拟试验平台设施，其主要功能是在着陆起飞试验中为探测器提供足够的运动空间并全程主动跟随探测器运动，为其提供恒定的竖直向上的拉力以模拟低重力环境。低重力模拟试验平台既要实现多自由度、快响应、高精度控制能力，又要解决随动行程长、惯量大、响应快等相互制约问题，具有较高的研制难度。

（1）性能指标要求

这里以我国火星探测工程建设的低重力模拟试验平台为例进行介绍。

低重力模拟试验平台在火星着陆巡视器悬停、避障和缓速下降段综合验证试验中，为我国首次火星探测任务提供核心设备保障。其作为试验场最重要的分系统，主要承担以下功能。

1）提供足够的三维空间，满足火星着陆巡视器最终着陆段地面验证试验对三维空间的要求。

2）具备承载着陆巡视器或其他试验载荷的能力。

3）能够全程模拟火星重力环境，在试验中既不干涉着陆巡视器的自主飞行，又能够提供精确的火星重力环境；另外，具备能够提供主动带动着陆巡视器进行着陆过程三维运动的能力。

4）为监控、测量系统提供安装基础。

5）投放试验系统可运动到指定地点进行试验。

低重力模拟试验平台的主要技术性能指标如下。

1）试验载荷质量不小于 10 t。

2）模拟重力范围为 0～20 000 N。

3）水平随动速度能力为 0～5 m/s。

4）垂直随动速度能力为 0～10 m/s。

5）水平跟踪加速度为 0～1.5 m/s²。

6）垂直跟踪加速度：向上为 0～2.6 m/s²，向下为 0～4 m/s²。

7）水平方向干扰力及垂直方向作用力误差不大于 80 N。

8）试验的有效内部空间满足≥20 m（长）×20 m（宽）×74 m（高）。

9）起吊后验证器固定在塔架有效试验空间的某位置定位精度优于 0.1 m（3σ）。

10）试验平台起吊、释放及按标称曲线控制验证器时，X、Y、Z 3 个方向速度控制精度优于 0.05 m/s（3σ）。试验场坐标系如图 8-20 所示。

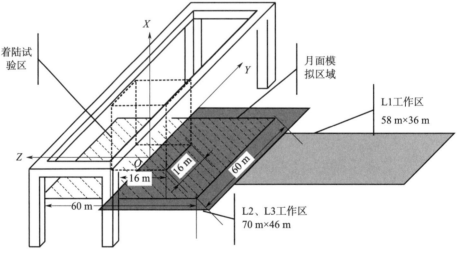

图 8-20　试验场坐标系

11）吊绳转换为恒定拉力及随动控制模式反应时间小于 2 s，紧急故障时由恒定拉力及随动控制模式转入位移控制模式转换时间小于 1 s。

12）制动过程中加速度小于 1g，或在试验中始终保持恒定的拉力。

13）吊挂及投放设施的强度需保证不小于 5 倍的安全系数。

（2）技术方案

为实现多自由度、长行程、大惯量机电系统的高速度、快响应、高精度控制，解决行程长与精度高、惯量大与响应快等相互制约问题，采用由粗到精逐级驱动控制的方案。火星低重力模拟试验平台的整体结构如图 8-21 所示，整个系统由主体结构子系统、三维随动子系统等组成。

1）低重力模拟试验平台主体结构。

主体结构采用钢结构空间刚架，对于高耸的塔架结构，采用此种形式具有受力清晰、风阻系数小、整体稳定性强、美观大方等优点。本结构方案采用 6 个塔架格构柱及上部内外双层环形桁架连接形成空间结构体系，6 个塔柱内圈直径为 120 m。其中，1♯、2♯、3♯、4♯和 6♯塔高 140 m，上部柱为 12 m×12 m，下部柱为 12 m×18 m；5♯塔高 217 m，0～140 m 为 12 m×18 m，140～210 m 为 12 m×9 m，可用于安装电梯，并为后续投放类试验设施的安装留有接口。环形桁架外圈断面尺寸 7.8 m×7 m，环形桁架内圈断面尺寸 6.4 m×7 m，内外圈之间的悬挑桁架悬挑长度 28.8 m，悬挑桁架断面尺寸 12 m×14 m～9 m×7 m。

钢结构主材选用 Q235‑B 钢，采用无缝钢管。其主要截面尺寸如下。

柱：1～10 层 $\phi680×22$ mm，11～20 层 $\phi630×22$ mm。

横杆：$\phi325×12$ mm、$\phi299×12$ mm。

横隔杆：$\phi273×12$ mm。

斜撑：$\phi351×14$ mm、$\phi325×12$ mm、$\phi299×12$ mm。

桁架：$\phi325×12$ mm、$\phi299×12$ mm、$\phi273×12$ mm、$\phi245×12$ mm、$\phi219×12$ mm。

抗震设防烈度为 8 度，设计基本地震加速度值为 $0.20g$，基本风压为 0.50 kN/m^2。

图 8‑21　火星低重力模拟试验平台的整体结构

　　根据建筑场地地勘报告，主体结构基础采用承台＋钻孔灌注桩。桩基安全等级为二级，桩基设计等级为乙级，砂土无液化。钻孔灌注桩桩端持力层为第 4 层碎石层，桩长 17 m，桩直径 900 mm，总桩数 182 根；承台厚 1 200 mm。单桩竖向抗压承载力特征值为 3 000 kN，单桩抗拔承载力特征值为 1 000 kN，单桩水平承载力特征值为 200 kN。对于混凝土强度等级，桩为 C35，承台及立柱为 C40，垫层为 C15。

　　2）三维随动系统。

　　三维随动系统由并联索驱动子系统和快速随动子系统组成。其中，并联索驱动子系统由上斜拉并联索系统、水平刚度调节索系统、下斜拉并联索系统组成，完成快速随动平台的大范围移动和跟踪；快速随动子系统中的水平装置实现位置跟踪的精确控制，拉力调节装置实现拉力的精确控制。由于三维随动系统的行程、质量等逐级减小，响应速度和精度逐级提高，因此这种分级控制设计方法一方面可降低设计制造的技术难度，减少制造、维护成本；另一方面又可提高整个系统的控制精度、快速性和精度保持性。

　　并联索驱动装置及控制单元沿圆周方向均匀布置在距场地中心 85.4 m 的地面机房内，塔体及地面均设置一定数量的转向滑轮，钢丝绳从塔柱的出绳点设置摆轮装置以驱动随动平台的快速随动在空间内运动（20 m×20 m×74 m）；快速随动子系统直接和试验验证器相连，高动态响应确保验证器在竖直方向的吊绳偏角和拉力控制精度。

　　控制系统采用层次式控制结构，如图 8 - 22 所示，由下及上分别为现场级、控制级和操作级。其中，操作级主要负责向控制级发送操作命令和接收反馈的各种信息，具有一定的人机交互界面和信息处理功能；控制级是整个控制系统中枢，它向上与操作级交互信息，向下与现场级各随动子系统交互数据；现场级实现系统的快速精确控制。

　　①并联索驱动子系统。

　　并联索驱动子系统由上斜拉并联索系统、水平刚度调节索系统、下斜拉并联索系统组成。

　　上斜拉并联索系统由 6 组驱动单元组成，每组驱动单元包括双电动机、双减速器和双出绳滚筒，如图 8 - 23 所示。两根钢丝绳通过主体结构顶部距地面 133 m 高度处的两个滑轮与快速随动系统连接，构成平行四边形机构，防止快速随动系统产生倾斜。

　　水平刚度调节索系统由 6 组驱动单元组成，每组驱动单元包括电动机、减速器和双出绳滚筒。两根钢丝绳通过主体结构柱腿上距地面 77 m 高度处水平布置的两个滑轮与快速随动系统连接，同样构成平行四边形机构，主要为快速随动系统提供水平驱动力和增加扭转刚度。

　　下斜拉并联索系统与上斜拉并联索系统在结构上基本相同，双钢丝绳通过主体结构柱腿上距地面 20 m 高度处水平布置的两个滑轮与快速随动系统连接，同样构成平行四边形机构，并为快速随动系统提供水平驱动力和增加扭转刚度。其中，一组驱动单元采用双电动机驱动来增加驱动力，将快速随动系统牵引到探测器转运区（位于火星表面成像模拟区的边缘）。

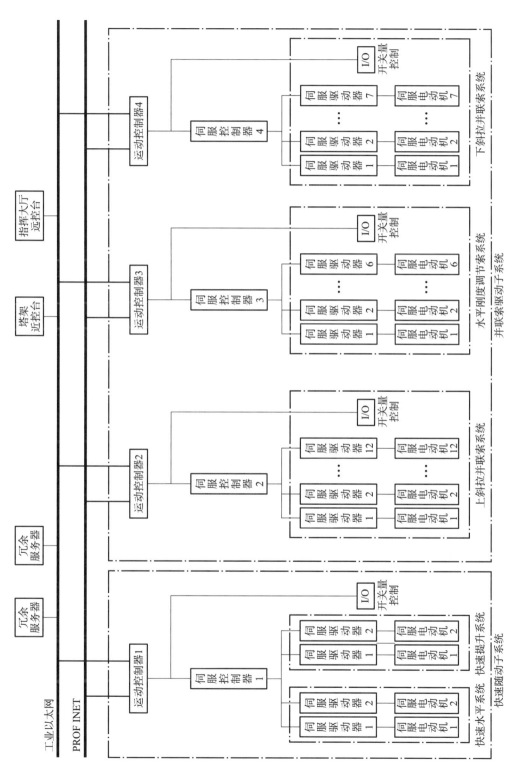

图 8－22　控制系统的层次式控制结构

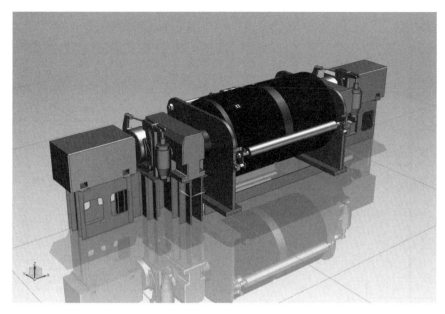

图 8-23　上斜拉并联索系统

绳索并联驱动系统采用 1 套运动控制器分别控制 25 套伺服驱动器和伺服电动机来驱动减速器和滚筒,实现 36 根钢丝绳跟随快速随动系统运动,为验证器和圆盘提供水平与垂直驱动力。每一个塔由一个独立的控制单元 (Control Unit ,CU) 控制,速度环周期为 250 μm,6 个塔之间采用 PN－IRT 通信方式与上位运动控制器相连,通信周期为 1 ms,25 套驱动轴间同步运动周期不超过 4 ms。并联索驱动系统控制框图如图 8-24 所示。

②快速随动子系统。

快速随动子系统通过 36 根钢丝绳与并联索驱动系统相连,其包括快速水平随动装置和拉力调节装置,其中快速水平随动装置提供水平拉力,拉力调节装置实现探测器拉力的精确控制,如图 8-25 所示。

快速随动子系统的快速水平随动装置由两维工作台组成。其采用伺服电动机、精密滚动导轨及滚轮齿条传动系统组合而成,完成对探测器的精确水平位置跟踪。其中,跟踪误差的检测是通过实时读取吊点处的偏角检测编码器和安装在两维工作台处的激光陀螺仪的反馈数据实现的。

快速水平随动装置由运动控制器控制伺服驱动器和伺服电动机来实现平面两个方向的精确定位,工作在随动控制方式,以实现水平快速随动系统中的上吊点对探测器的精确跟踪,探测器的位置由万向联轴节上的编码器和陀螺惯导系统检测,系统可以实现全闭环控制。绝对编码器的角度检测精度可达 0.011°,陀螺系统的漂移小于 0.01 (°) /h,工作温度为 $-40\sim75$ ℃,属于高精度、宽温度陀螺仪。探测器吊绳倾角的检测精度可达 0.03°。控制输入来自探测器的水平移动。

拉力调节装置由粗精两级调节机构组成,安装在快速水平随动装置的两维工作台上,

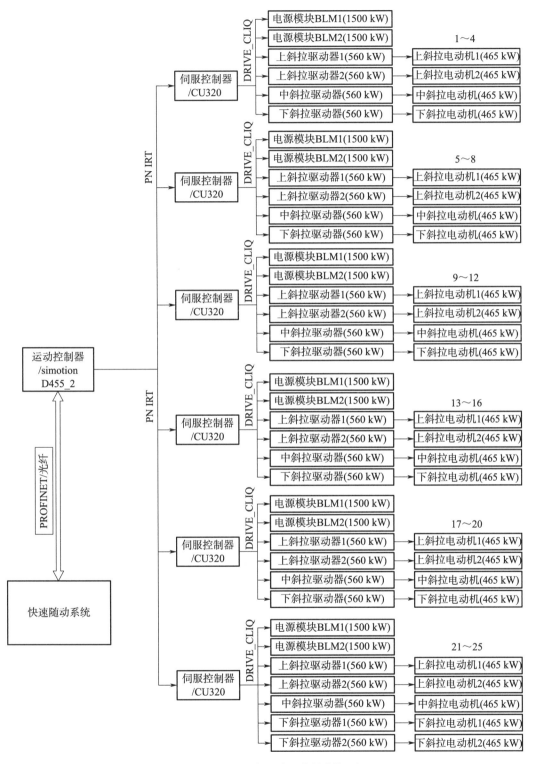

图 8 - 24　并联索驱动系统控制框图

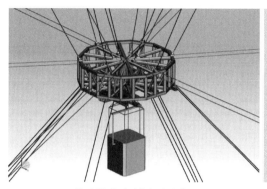
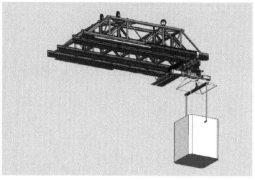

(a) 快速随动子系统绳索连接　　　　　(b) 快速随动子系统快速水平随动装置及拉力调节装置

图 8-25　快速随动子系统

包括 3 台伺服电动机、力传感器和传动机构，如图 8-26 所示。其中，功率较大的两台伺服电动机完成拉力粗控制，起卸荷作用，可承载大部分探测器的拉力载荷，以保证小功率伺服电动机具有合适的拉力调节范围；小功率伺服电动机工作在拉力闭环控制方式，实现探测器拉力的精确控制。

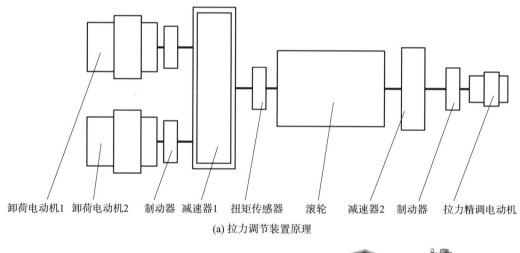

卸荷电动机1　卸荷电动机2　制动器　减速器1　扭矩传感器　滚轮　减速器2　制动器　拉力精调电动机

(a) 拉力调节装置原理

(b) 拉力调节装置三维视图

图 8-26　拉力调节装置

　　拉力调节装置直接跟随探测器上吊点的垂直运动，由运动控制器控制两套伺服驱动器和伺服电动机来实现拉力的精确闭环控制，伺服电动机工作在扭矩控制方式，拉力的精确测量直接由上吊点处的力传感器来完成。拉力传感器选用德国 HBM 的 U10M 型号传感器，该拉力传感器的非线性度为 0.025%，在 2.0 t 额定量程下的力检测精度为 5 N。拉力的控制精度取决于电动机的输出转矩，所选用的伺服电动机的扭力控制精度为 0.5%～1.5%。为适应下降阶段和上升阶段的载荷质量差别，优化拉力分配，实现 20 N 的拉力控制精度。

　　③姿态稳定装置。

　　低重力模拟试验平台需要能够起吊、携带验证器运动，需要配有验证器的姿态锁紧装置，以保证起吊至试验高度的过程中验证器三轴姿态角变化绝对值小于 1°；另外，验证器变推力发动机点火后至姿态锁紧装置解锁前，锁紧装置需保证组合体验证器的姿态稳定，三轴姿态角变化绝对值小于 1°。姿态稳定装置如图 8-27 所示，其采用可调节长度的支撑杆形式。

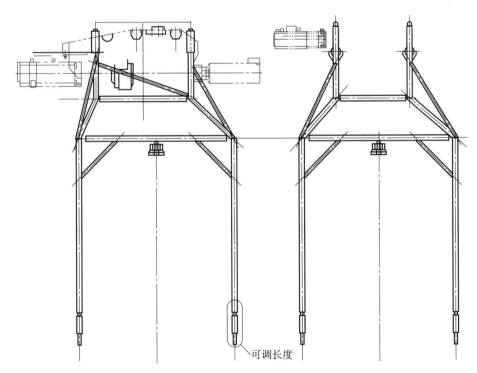

可调长度

图 8-27　姿态稳定装置

　　④恒拉力触地装置。

　　对于验证器触地工况的随动需求，采用快速随动子系统中的拉力调节装置难以满足。这是因为验证器触地时，拉力调节装置的吊绳会有瞬时的松弛，基于伺服电动机随动的模式需要一定的响应时间，而触地后工作时间很短，导致无法做到全过程实现连续的低重力模拟。为了实现所需的 650 mm 缓冲作用范围内对验证器的垂直拉力维持恒定，采用零自由度长度弹簧的精密力卸载系统方案，如图 8-28 所示。

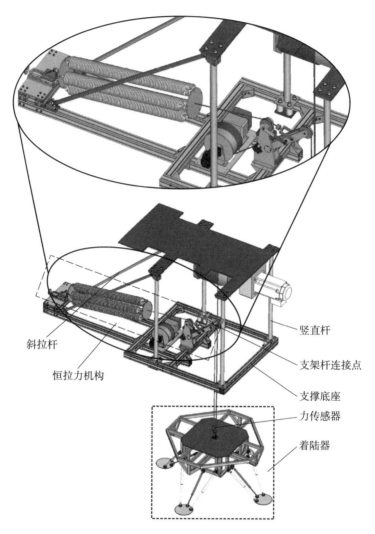

斜拉杆

恒拉力机构

竖直杆

支架杆连接点

支撑底座

力传感器

着陆器

图 8-28　零自由度长度弹簧的精密力卸载系统

在该系统中，恒拉力机构是整个力卸载系统的核心，它使着陆器在着陆的 650 mm 行程范围内始终受一恒拉力（变化范围为±10%）的作用。恒拉力机构的支撑底座通过 4 根竖直杆与上方的快速随动平台连接，两根斜拉杆将支撑底座的悬臂端与竖直杆连接，进一步提高了恒拉力机构支撑底座的刚性；同时，在支撑底座的下表面预留有 4 根支架杆的连接点（分别与 4 根竖直杆的连接点在同一竖直方向上）。

着陆器的万向吊具由一根钢丝绳垂吊，钢丝绳的另一端绕过恒拉力机构中的右侧定滑轮，螺旋缠绕在与电动机同轴的滚筒上。并联弹簧组由 5 根尺寸、材料与性能相同的拉伸弹簧并联组成，5 根拉伸弹簧的两端分别与两个底座连接。其中，左侧底座与拉力调节装置连接，钢丝绳一端则与并联弹簧组的右侧底座连接，另一端绕过左侧的定滑轮与摆动杆连接。恒拉力机构如图 8-29 所示。

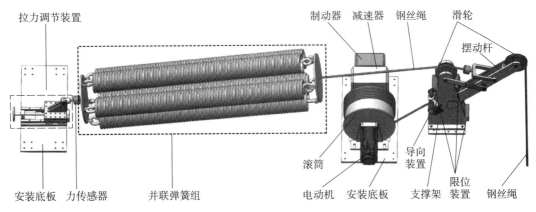

图 8 - 29　恒拉力机构

在恒拉力机构不发挥作用时，摆动杆由并联弹簧组拉伸产生的拉力与上限位的限制保持在上极限位置；在恒拉力机构发挥作用时，制动器启动，及时抱死与滚筒固连的转轴，防止钢丝绳释放。

8.3.4　模拟地表实施方案

根据地外天体目标的不同，需要设置不同的模拟地表，但其技术原理是一致的。对于表面介质物理力学性能的模拟，主要是对不同颗粒级配的火山灰的配比、混合、烘干、铺设等工序进行制造；对于表面形貌模拟，主要是根据不同的地形要求，通过石块、斜坡、坑洞来进行设置；对于表面反散射特性的模拟，主要是通过在地表喷涂特定颜色的耐高温漆，以及铺设细石子、沙砾等进行设置，相关内容可参照第 3 章所述。本节对我国成功实施的用于探月工程和火星探测工程悬停、避障及缓速下降试验的模拟地表区的模拟火星表面区分别进行补充介绍。

（1）模拟月貌区

模拟月貌区用于月球探测器着陆综合验证试验，通过模拟月球表面的地形、地貌特征，配合月球着陆起飞试验场其他系统，完成对月球探测器地形识别能力及悬停、避障、缓速下降过程的考核验证。模拟月貌区可以为月球探测器携带的光学探测设备和微波雷达设备提供月球表面着陆地点的典型月貌和月球表面反散射特性，同时模拟在日光下月球表面形态产生的阴影，从而为探测器提供对地形识别及测距测速的接近真实状态的试验条件。月球着陆起飞试验场需要在 60 m×60 m 的模拟月貌区成像区域内模拟月球表面典型地形地貌；在 L1、L2、L3 区域模拟月面对电磁波的散射特性及月球表面起伏特性，考核月球探测器微波测距测速敏感器的工作性能；在 R2、R3 和 R5 区域模拟月球表面对激光的反射特性，与 L2 和 L3 区域重叠部分需同时模拟月球表面对微波和激光的反射及散射要求。月球着陆起飞综合试验场模拟月貌区的平面布局如图 8 - 30 所示。

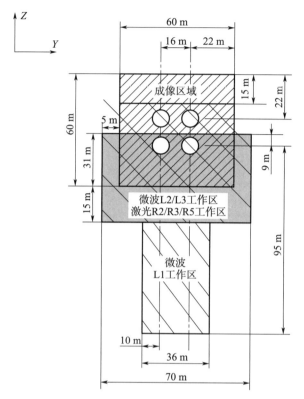

图 8-30　月球着陆起飞综合试验场模拟月貌区的平面布局

除了用于布设地形地貌并满足表面反散射特性需要的基础场地和模拟月石、月坑、斜坡外，考虑到长期试验中模拟月貌区会受到自然环境、试验环境的污染，需要用水进行冲洗，所以需要建设排水设施，保证冲洗后的水直接流入管道并最终流向废水回收池，且不会渗入地下。因此，模拟月貌区由基础场地、模拟月坑、模拟斜坡、模拟月石和排水系统组成，如图 8-31 所示。

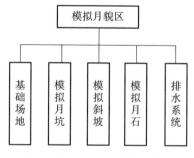

图 8-31　模拟月貌区的组成

模拟月貌区的基础场地分为 6 层，分别为原土层（原地面开挖并平整夯实）、灰土层、素钢筋混凝土层、水泥胶层、粗糙表面水泥层和涂料层，如图 8-32 所示。其中，原土层、灰土层和素钢筋混凝土层满足基础承载等要求；水泥胶层用于黏合水泥层与混凝土层，防止开裂和变形；粗糙表面水泥层和涂料层用于满足电磁波照射要求，并具有防高温、防腐、防水功能。

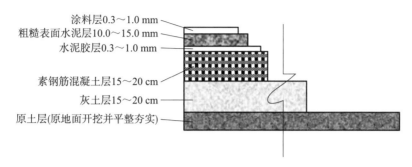

涂料层0.3～1.0 mm
粗糙表面水泥层10.0～15.0 mm
水泥胶层0.3～1.0 mm
素钢筋混凝土层15～20 cm
灰土层15～20 cm
原土层(原地面开挖并平整夯实)

图 8-32　模拟月貌区的基础场地

依据月球表面不同地形月坑和月石的分布特征规律，设计地面模拟月坡、月坑分布及月石分布，实现月面原始形貌的模拟；通过高程剔除设计和模块化组合设计，实现对多种典型月貌的快速模拟；研制新型反射涂层，实现月球表面对可见光、激光和微波反射特性的模拟，并满足月球探测器发动机工作时焰流喷射到地面时对地表涂料温度和燃烧性的要求。

为满足场地的排水要求，以 L4 工作区 60 m×60 m 的中心位置为基准，建设范围为 30 m×30 m 的排水槽，上面可以铺设模拟月貌，但要保证水流排放顺畅。排水槽与外面的污水管连接，一直排到试验场的废水回收池中。场地起坡为 5∶1 000，保障废水迅速排出场地。

模拟月貌区实现了模拟真实月球表面月坡、月坑和月石的分布规律及同时满足激光和微波反射特性的要求，其实现的主要技术指标归纳如下。

1）模拟月貌区成像区域面积 3 600 m^2，R2、R3 和 R5 区域面积 5 256 m^2，L1、L2 和 L3 区域面积约 3 000 m^2。

2）能够模拟 12 种预选的月球探测器着陆区的月貌地形、地貌特征，包括月坡、月坑、月石等，且不同地形的更换时间不超过 12 h，完成 10m×10m 局部区域内的改造时间不超过 2 h。

3）在 60 m×60 m 的模拟月貌成像区能模拟各种月球表面地形地貌，同时模拟月球表面对激光和微波的反射特性。

4）对 L1、L2 和 L3 区域需模拟月球表面对微波的反射特性，对 R2、R3 和 R5 区域需模拟月球表面对激光的反射特性，两区域重叠部分需同时模拟月球表面对微波和激光的反射特性。

5）对 1 047～1 064 nm 的激光，模拟月面的反射率范围为 6%～30%。

6）对 34.25 GHz 及 34.55 GHz 的电磁波，当入射角在 0°～70°范围内变化时，模拟月貌区后向散射系数为 −30～−5 dB。

7）R2、R3、R5 区域有排水能力，能够在推进剂洒落情况下进行冲洗，冲洗后的污水从管道中排放到污水井中，不致污染地下水。

8）模拟月球表面采用的材料要求能够耐受不低于 300 ℃、持续时间不小于 10 s 的高温环境，期间不燃烧与破损。

（2）模拟火星地表区

模拟火星地表区用于进行火星着陆巡视器悬停、避障、缓速下降段综合验证试验，为火星探测器携带的光学探测设备和微波雷达设备提供火星表面着陆地点的典型地貌和地表反射特性，同时模拟在日光下火星表面形态产生的阴影，从而为探测器提供对地形识别及测距测速的近真实试验条件。火星着陆综合试验场需要在面积为 10 208 m² 的区域内布置火星典型的地形地貌，分布大小不等的石块、坡度和火星坑，模拟着陆巡视器三维成像敏感器的成像环境，供火星巡视器着陆试验中的地形识别，完成安全区选择和特征点匹配任务。选用反散射率与火星地表相似的材料铺设到试验地面，实现对激光、微波的反散射特性模拟，以满足安装在着陆巡视器上的导航敏感器的工作条件，用于完成测距、测速等任务。模拟火星地表区的平面布局如图 8-33 所示。

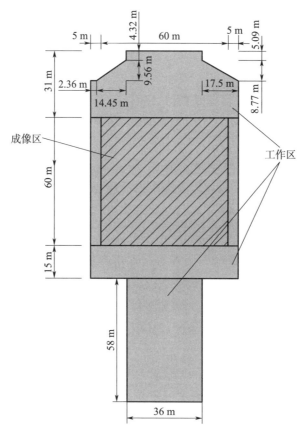

图 8-33　模拟火星地表区的平面布局

与模拟月面区类似，模拟火星地表区分为基础场地、凹坑、斜坡、石块等，并备有排水设施。其基础场地从下到上依次采用 500 mm 厚初始地基填土、200 mm 厚碎石土、

100 mm 厚 C20 细石混凝土、200 mm 厚 C30 抗渗混凝土和 3＋3SBS 改性防水卷材［以符合《地下工程防水技术规范》(GB 50108—2008)］，并采用 HRB400 钢筋按 ϕ12@200 单排双向布置，满足试验的地基承载力要求。

基于火星的地表形态特征确定模拟火星石、火星坑的数量、大小及分布，然后进行不同深度的模拟火星坑布置，模拟火星坑直接建造在基础场地上。在火星着陆综合试验中，根据选定的火星巡视器试验场着陆区域，利用在不同倾斜角度的钢结构支架上铺设混凝土砖块来模拟不同坡度角的火星坡。模拟火星地表区的激光反射特性、电磁波后向散射特性及耐火特性由表面涂刷的特种涂料保证。

在火星着陆综合试验中，为防止模拟火星坑内积水，在模拟火星坑内设置排水管路，排到火星着陆综合试验场的废水回收池中。排水系统采用直径为 400 mm 的主排水管道、直径为 200 mm 的副排水管道和直径为 110 mm 的支排水管道组成，满足试验所需的排水要求。

火星模拟地表区实现了模拟真实火星表面坡度、火星坑和火星石的分布规律及同时满足激光和微波反射特性的要求，其实现的主要技术指标归纳如下。

1) 模拟火星地表区的面积约 10 208 m^2。

2) 可模拟预选的火星着陆区地形和地貌特征，包括坡度、凹坑、石块等。

3) 地形漫反射要求：非镜面反射，漫反射率能量占比大于 95％。

4) 平面内面积反射率均匀要求：一致性大于 90％(石块、坑除外)。

5) 模拟火星表面激光及微波的反散射特性。

6) 在 60 m×60 m 的成像区域，可同时模拟火星表面地形地貌和火星表面对激光和微波的反射特性。

7) 在 L1、L2、L3 和 L4 区域，需模拟火星表面地形地貌的大致起伏特征(可放宽对坡、模拟火星表面坑和石块特征及分布的要求)，还需模拟火星表面对微波的反射特性。

8) 对 1 047～1 064 nm 的激光，模拟火星表面的反射率范围在 0.28～0.30。

9) 对 16 GHz、32.7 GHz、33.7 GHz、34.7 GHz 及 35.7 GHz 的电磁波，当入射角在 0°～70°范围内变化时，后向散射系数为 -20～5 dB。

10) 模拟火星表面采用的材料可耐受不低于 600 ℃、持续时间不小于 10 s 的高温环境，期间不会燃烧、破损。

8.3.5　试验实施方案

(1) 实施方案概述

试验采用低重力模拟试验平台提供恒定的拉力来抵消部分地球重力，实现地外天体低重力的模拟，依靠安装在着陆验证器上的发动机输出推力的调节实现对着陆验证器受力特征的模拟，依靠模拟地外天体表面地形的设置实现对着陆验证器运动方向的大致控制。

试验中着陆验证器及低重力模拟试验平台均由各自的地面控制设备进行控制，各自的地面控制设备服从试验场指挥控制系统的调度，试验场指挥控制系统收集着陆验证器及试验平台产生的数据信息，并结合试验场地面测量设备的数据对试验结果进行综合分析。

试验基本方案可描述如下。

1）在模拟着陆表面布置障碍物和安全区，用于着陆验证器识别安全区进行避障运动。

2）低重力模拟试验平台通过拉力精调装置为着陆验证器提供恒定拉力，对着陆验证器所受低重力进行模拟。

3）着陆验证器的外形几何尺寸、转动惯量等参数均尽可能模拟在轨飞行状态。

4）着陆验证器采用GNC、推进分系统及其他相关系统的真实产品参试，试验中GNC按真实的控制律实现对着陆验证器速度和姿态的控制，发动机和推力器真实点火工作。

5）采用万向吊具提供着陆验证器姿态运动的自由度，利用低重力模拟试验平台拉力精调的钢丝绳提供拉力，平衡验证器的部分重力，依靠变推力发动机推力输出调节实现悬停、避障、缓速下降过程中验证器运动特征的模拟。

6）将试验平台、风载、风阻等各项干扰作用视为对GNC系统的加严考核项，不进行补偿。

7）着陆验证器遥控遥测通过有线方式传输到指挥控制系统，以确保数据安全。

8）试验中通过外测数据与器上遥测参数的比对，对整个试验过程中的控制、执行情况进行综合考核。

（2）试验实施的主要过程

试验实施的主要过程包括试验准备、试验实施、试验撤收和数据处理4个过程，以下重点介绍试验准备和试验实施过程。

1）试验准备。

试验准备过程包括模拟地貌布设、着陆验证器工作模式设置与测试、低重力模拟试验平台试验曲线设置及地面测量设备展开等工作。模拟地貌布设的主要工作内容为根据试验工况对模拟地貌区的地貌进行改变，设置一定大小的障碍区和安全区。同时，着陆验证器需根据试验工况要求，调整器上设备工作状态，并对试验工况进行模拟。低重力模拟试验平台需要对试验工况设计的运动曲线进行预实验，确保低重力试验平台与验证器通信正常，能够正常运行试验曲线。

根据试验工况要求对着陆验证器进行试验工况的状态设置，完成状态设置后需要对着陆验证器进行联试和电性能综合测试。测试在指挥控制大厅进行，测试人员通过地面总控系统的总控计算机为着陆验证器加电，向着陆验证器发送试验指令，并通过测试系统和设备对综合测试数据进行判读。电性能测试主要验证着陆验证器供电性能、各参试系统间的接口匹配性。图8-34为着陆验证器地面测试系统。

完成电性能综合测试后，将着陆验证器与测控网络断开，并对着陆验证器设备进行断电和加注前保护，准备对着陆验证器进行加注。

为验证GNC系统闭环工作性能，着陆验证器上需要设置推进系统，用来悬停、避障与减速等动作。在完成电性能综合测试后，需要对推进系统的燃料贮箱进行推进剂加注。推进分系统通常采用液体双组元统一推进系统，由贮箱、气瓶、姿控推力器、轨控发动

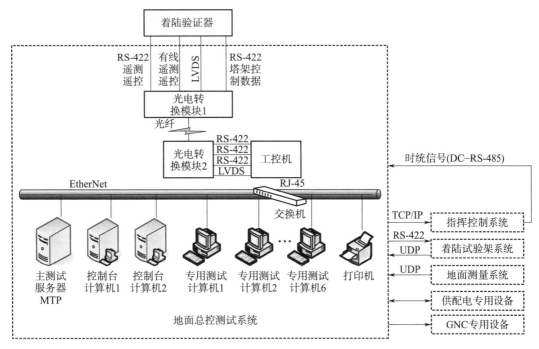

图 8 - 34　着陆验证器地面测试系统

机、推进线路盒、过滤器、压力传感器、减压阀、自锁阀、试验用截止阀、试验用单向阀、管路、推力器支架、管路支架、连接件等部件组成。其工作模式与正式着陆器工作模式相同。但与正式着陆器不同的是，着陆验证器上的管路和储箱等元件需要多次重复使用；此外，着陆验证器加注后还有人工上器操作、转运等情况发生，因此参试的推进系统除了要与正式飞行的着陆器工作模式相同外，还需要考虑操作安全性和工作可靠性，如工作贮箱进行防旋防晃设计、采用自锁阀和电动气阀替代点爆发、增加吹除阀吹除试验后的推进剂残余等。为提高试验验证的真实性，需要对验证器质心进行测量，并按设计姿态对验证器进行质心配平。配平在质量特性测试台上进行。完成推进剂加注、质心测量和配平后，着陆验证器完成试验前的准备工作。

　　除着陆验证器准备工作外，还需要对试验场地进行设置。悬停、避障及缓速下降试验的目的包括考核导航敏感器的动态工作性能，其中主要是识别安全区的能力。为设置安全区，需要根据工况要求对模拟地貌区的地貌进行改造，如设置安全区和非安全区。在非安全区通过石块和石堆模拟地貌障碍。模拟地貌的成像区域采用混凝土和涂料等材料实现，通过对模拟斜坡、模拟撞击坑和障碍物（石块）进行不同的组合，用以模拟月球、火星等表面的地形、地貌环境，并满足电磁波和激光的反散射要求。根据着陆验证器着陆安全性指标，每个障碍高度一般不得低于 0.3 m，覆盖面积不小于 1 m^2，同时地表设置大小不一的撞击坑。除用石块和撞击坑模拟外，还可进行坡面预设。障碍表面和模拟地貌表面均使用特殊反射性涂料均匀涂抹，用来模拟地外天体不同的反散射特性，从而更真实地考核着陆验证器上的敏感器设备在目标地外天体对地形及安全区的识别能力。为模拟着陆工况，地貌区的涂料和表面可承受着陆验证器的着陆载荷，并可以承受发动机羽流的高温烧蚀。

2）试验实施。

验证器准备和地貌设置完成后，试验即具备实施条件。试验实施过程从着陆验证器撤离测试工位开始，试验人员从测试工位将着陆验证器转运至低重力模拟试验平台下。由于着陆验证器已经完成推进剂加注工作，因此在运输过程中需要严格控制车速并稳定运输，防止推进剂贮箱发生严重的倾斜和晃动，保证运输安全。

着陆验证器转运至低重力模拟试验平台下，与快速随动平台进行对接（图 8-35）。验证器对接过程主要如下。

①将万向吊具与快速随动平台连接。

②将万向吊具与验证器连接。

③拆除托架车与验证器的连接。

④快速随动平台起吊模型。

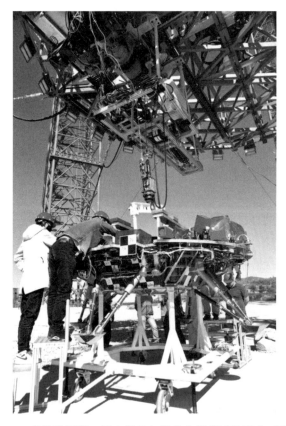

图 8-35　着陆验证器、万向吊具与低重力模拟试验平台对接场景

万向吊具采用平行四边形结构，用于提供装配过程、试验过程中验证器的起吊接口。试验开始后，万向吊具可提供着陆验证器绕 X' 轴、Y' 轴和 Z' 轴的转动自由度。

将着陆验证器与低重力模拟试验平台对接后，设置着陆验证器初始姿态，连接着陆验证器与试验场指挥控制系统电缆。进行着陆验证器加电和状态设置，同时通过经纬仪标定着陆验证器相对试验场的初始位置和坐标，并注入 GNC 系统。在着陆验证器状态设置的同时，并行架设试验外测设备，试验外测工作包括高速摄像机架设和全站仪架设。试验前需进行测量设备的标定。

完成状态设置和外测设备设置后，低重力模拟试验平台将着陆验证器提升至试验起点位置，准备试验。试验场指挥控制系统通过通信链路为着陆验证器发送上行指令，控制器上配电设备工作，并接收着陆验证器、试验场各系统的状态确认参数；准备就绪后，指挥控制系统同时向着陆验证器、试验场各系统发送试验开始指令，外测开始记录试验图像；试验中，通信链路同时接收着陆验证器、试验场各系统的相关数据，并将其传至试验数据处理模块。试验指挥控制系统对数据进行实时显示、分类存储，供试验人员分析。

试验工况分为主动工况、随动工况和触地工况 3 种。主动工况试验中，着陆验证器上的推进系统不工作，着陆验证器与低重力模拟试验平台在试验过程中始终保持刚性连接，低重力模拟试验平台通过压紧杆向着陆验证器施加预紧力，拉力精调装置保持拉力值不变，用低重力模拟试验平台按照设定的运动曲线携带着陆验证器运动，着陆验证器上的 GNC 相关设备工作，获取所需试验数据。在随动工况和触地工况下，低重力模拟试验平台仅保持给着陆验证器提供向上的抵消重力加速度的拉力，不主动牵引着陆验证器运动。着陆验证器上的推进系统工作，发动机点火达到预定的推力值后，低重力模拟试验平台转随动模式，为着陆验证器提供恒拉力，验证器向下加速运动实现器塔分离，低重力模拟试验平台仅保持拉力精调装置与万向吊具连接。为使着陆验证器在运动过程中保持低重力水平，拉力精调装置为验证器提供恒定的拉力并跟随验证器的运动保证吊绳的垂直度。触地工况下，着陆验证器在空中的运动阶段与随动工况设置相同，区别在于随动工况时，当着陆验证器距地面一定高度时根据地面指令 GNC 转无控并关闭发动机和推力器，同时低重力试验平台进行制动，使着陆验证器不接触模拟地貌；而触地工况时，着陆验证器要一直工作到触地，器上着陆缓冲装置工作完成后试验结束。为抵消着陆验证器触地瞬间的反作用力，需要在低重力模拟试验平台基础上增加恒拉力装置，使着陆验证器在着陆缓冲过程中仍能模拟所需的低重力环境；同时，确保触地瞬间低重力模拟试验平台及时制动，保护验证器结构不受损坏。

8.3.6　试验测量方案

悬停、避障与缓速下降试验需要了解着陆验证器在着陆过程中的运动学和动力学特性，需要对着陆验证器的下降运动过程和着陆缓冲过程进行测量，并将测量数据与 GNC 控制数据及着陆验证器内测数据进行比对，从而验证导航控制算法，并考核飞行程序设计的正确性。

其测量方式主要包括着陆验证器力学测量、高速摄像光测及低重力模拟试验平台测量 3 种。此外，为具体分析安全区设置和着陆验证器识别的安全点，需要对模拟地貌进行地貌高程精确测量，将准确的安全点与着陆验证器识别的安全点进行比对分析，考核各敏感器的工作性能和着陆验证器对安全区识别的正确性。

力学测量主要测量着陆验证器上关键位置的应力、冲击加速度等动力学参数。传感器布置在着陆验证器的关键部位,如着陆验证器质心、着陆缓冲机构、接触足垫等位置,用于采集触地和缓速下降过程中的应力变化和冲击等力学参数变化。

光学测量主要用来测量着陆验证器的运动学参数,采用高速摄像机交会光学图像测量原理设计系统方案,完成着陆验证器三维运动过程中多方位的图像获取及三维运动参数的高精度测量工作。高速图像处理软件的对象是高速摄像阵获取的图像资料。测量设备由高速摄像阵、图形工作站和无线同步装置组成。高速图像处理软件主要包括管理模块、摄像机标定模块、图像预处理模块、图像判读模块和探测器运动参数测量模块。该软件主要功能有:试验前辅助全站仪对高速摄像阵及大视场进行内外参数标定,并记录标定后的相关参数信息;对高速摄像机拍摄的图像进行数据预处理,利用三维交会技术和计算机图像处理分析技术精确计算着陆验证器三维运动的位移、速度、加速度、姿态、角速度、角加速度等参数;输出测量结果,形成数据测量报告。

以我国"天问一号"火星探测悬停、避障、缓速下降试验为例,试验中着陆验证器活动范围为 74 m(高)×16 m×16 m,高速摄像阵选用两台 4k 摄像机,其最高分辨率为 4 096 像素×4 096 像素,摄像机的像元物理尺寸约为 3.9 μm,摄像机镜头为可变焦镜头。根据实验情况,摄像机的视场为 74 m,选择焦距为 44.8 mm 的镜头。将高速摄像机布置在试验场东北和西北两侧,如图 8-36 所示。

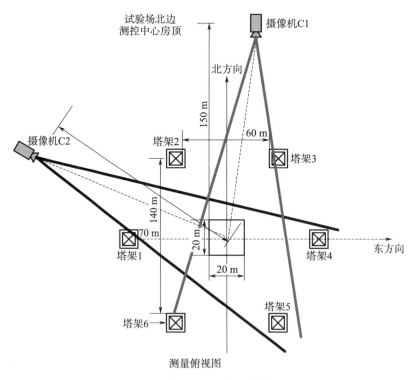

图 8-36　悬停、避障、缓速下降试验高速摄像机的布置

试验过程中，着陆验证器上的各单机工作过程会产生大量遥测参数，包括着陆验证器运动参数、对地面拍摄图像及安全区识别输出等。同时，外测系统也会产生测量数据，包括着陆冲击、着陆验证器摄像测量参数等。试验工况完成后，将外测数据与着陆验证器测量数据进行比对，分析着陆验证器的工作性能。

8.4 起飞试验实施方案

8.4.1 试验原理

对于取样返回探测任务，着陆探测器一般为包括着陆器和上升器的组合体，在地外天体表面完成样品采集和封装后，上升器携带样品起飞并与着陆器安全分离，并在 GNC 制导控制下调整运动姿态，为进入目标轨道做好准备。上升器的起飞过程中会受到组合体着陆姿态、两器解锁干扰、着陆器及地外天体表面的支撑特性、上升器自身的质量特性偏差、发动机安装偏差和推力脉动等诸多因素的干扰，且起飞时上升器主发动机点火产生的高温燃气作用至着陆器或地外天体表面后的回流也可能影响上升器的起飞稳定性。为了对起飞过程进行充分考核，验证上升器的起飞稳定性和起飞程序设计的正确性，必须在地面开展探测器起飞试验验证，采用基于悬吊试验法的原理实施[5-7]。

为了充分考核各干扰因素对起飞稳定性的影响，参试的着陆器和上升器的相关产品采用真实飞行试验技术状态的产品，并通过一定的质量特性配置可模拟质心偏差、发动机安装偏差等导致的最大扰动力矩情况；倾斜对起飞稳定性影响明显，通过停放坡度模拟上升器的倾斜状态；发动机羽流扰动将影响起飞稳定性，但在地面试验中由于大气压力的差异，参试发动机需设置为短喷管，导致发动机羽流场与月面等地外天体表面有较大的不同，且发动机推力输出也有一定差异，因此试验中通过提供外界补偿力来模拟起飞过程中上升器的受力特征；为了模拟起飞过程中上升器加速度变化的一致性，试验塔架提供恒定的拉力平衡验证器的部分重力，并能够跟随上升验证器的加速运动。

起飞试验的试验工况一般应涵盖 3 种：①上升验证器不点火试验工况。上升验证器从起飞平台上起飞，利用试验塔架对上升器施加垂直及水平方向的拉力以模拟上升器起飞过程中的受力状态，采用调节配重法模拟各项干扰因素的影响。②上升验证器点火试验工况。上升验证器加注推进剂，推进系统和 GNC 按真实过程工作，上升验证器从起飞平台起飞，采用调节配重法模拟上升器起飞过程中的各项干扰作用，试验塔架通过吊绳随动实现起飞过程上升验证器低重力环境的模拟。③着陆器和上升器联合试验工况。试验中上升验证器基于着陆后的着陆器姿态和相关状态实现起飞过程验证。

8.4.2 试验系统

起飞试验的试验系统主要由上升验证器及配套设备、起飞平台、低重力模拟试验平台、水平拉力及随动装置、模拟月球表面子系统、地面测量子系统、指挥控制子系统、试验保障子系统等组成，其中起飞平台、水平拉力及随动装置为起飞试验的专用试验设备。

起飞平台为上升验证器起飞上升试验提供初始支撑条件，并具备一定的防烧蚀能力。起飞平台具有角度调节功能，以此模拟上升器地外天体表面起飞的初始角度。起飞平台顶板上安装喷流导流装置，使发动机喷流向四周排导，以模拟上升器基于着陆器的起飞；同时，起飞平台还应具备与上升器支架的安装接口，并采用防烧蚀的刚性材料，防止在起飞上升试验过程中受发动机喷管高温喷流产生形变；主结构具有足够的刚度、强度及支撑能力，确保在试验过程中不发生晃动、倾覆、位移等影响试验结果的运动。起飞验证器位于起飞平台结构上的情况如图 8 - 37 所示。

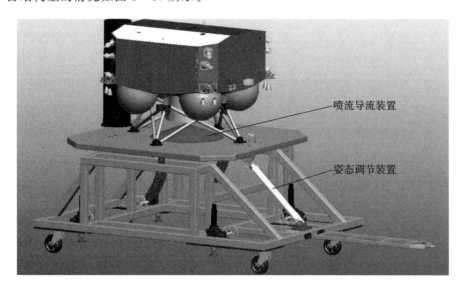

图 8 - 37　起飞验证器位于起飞平台上的情况

为满足对上升验证器提供一定的水平恒拉力及水平移动速度的要求，需采用水平拉力及随动装置。以我国探月三期工程起飞试验为例，要求提供最大 1 200 N 的水平恒拉力，水平速度不低于 1.5 m/s，并满足探测器高度随动范围为距地面 2～ 14 m。选取 1 台 7.5 kW 交流伺服电动机，其额定转数为 2 000 r/min，额定转矩为 15 N·m，配减速比为 12.5 的减速器，滚筒直径选为 200 mm，选用标称直径为 4 mm 的钢丝绳，安全系数大于 6。水平拉力及随动装置安装在低重力模拟平台主体结构的一个支撑柱上，整个装置包括恒拉力驱动装置、滑轮随动装置、导向滑轮、钢丝绳及支撑结构等部件，如图 8 - 38 所示。在上升试验过程中，滑轮随动装置需要跟随上升验证器在垂直方向上运动并保持高度方向一致。在此过程中，恒拉力装置在起飞瞬间提供一个预置的恒定拉力，确保水平拉力装置的拉力出绳点与验证器的受力点两端高度一致，输出拉力恒定。考虑到钢丝绳的振动等问题，实际上钢丝绳的拉力方向与水平方向的角度需要实测确定。为了降低复杂度，保证低重力试验平台控制系统的可靠，水平拉力及随动装置与试验平台的快速随动控制系统相对独立。

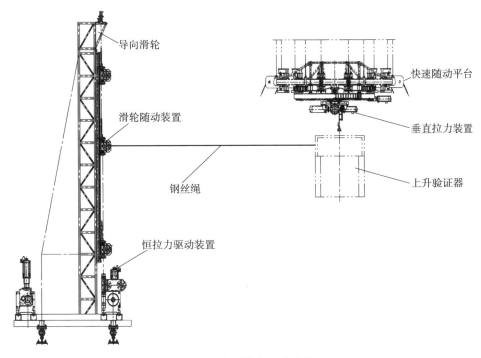

图 8 - 38 水平拉力及随动装置

8.4.3 试验实施方案

起飞试验中,利用低重力模拟试验平台提供垂直方向的拉力以平衡上升验证器的部分重力;针对上升器发动机短喷管状态推力下降,采用将上升验证器进行一定质量缩比的方式实现实际推力与质量的匹配,两种措施可满足上升器起飞过程的加速度及运动参数模拟。起飞试验中通过控制初始姿态角,实现上升验证器运动方向大致可控。

以我国探月三期工程起飞试验为例,其基本试验实施方案可概述如下。

1) 起飞试验采用上升验证器参试,上升验证器的外形几何尺寸和转动惯量要求与实际工作状态一致。

2) 试验中上升验证器采用 3 000 N 发动机短喷管状态,为模拟月面起飞过程中的运动加速度,由低重力模拟试验塔架提供恒定的垂直向上拉力以平衡验证器的部分重力,并能够跟随上升验证器的加速运动。

3) 利用水平拉力及随动装置对上升验证器施加恒定的水平方向拉力,以实现发动机不点火工况下上升验证器水平方向的动力。水平方向拉力需要保证角度偏差在 ±5°,以确保试验干扰在可控范围内。

4) 配置万向吊具提供上升验证器的姿态运动自由度,以考核上升过程验证器的姿态变化。

5) 综合考核在上升器月面起飞过程中的各项干扰作用,在试验中统一进行模拟并施加到上升验证器上。

6）利用高速摄像测量上升过程中上升验证器的综合运动，对起飞稳定性进行综合评价。

对于不点火试验工况，试验前上升验证器被安装在起飞平台上，设定初始姿态角度，随后上升验证器与塔架进行对接，并完成加电和状态设置，地面测量上升验证器的初始姿态，并完成上行注入；GNC 加电后始终处于起飞准备模式，具备自主导航功能。塔架设定垂直及水平方向的拉力值，以模拟 3 000 N 发动机推力输出，随后上升验证器与起飞平台解锁分离，并在塔架拉力的作用下加速运动，期间地面测量系统及上升验证器 GNC 分别获得上升验证器姿态运动的外测和内测参数。塔架作用持续时间满足要求后对上升验证器进行制动，随后上升验证器被放至地面，地面总控按顺序断电，试验结束。

对于点火试验工况，水平拉力及随动装置不需参与工作，当上升验证器完成加电及获得初始姿态后，塔架设定恒拉力状态；地面总控发送指令完成上升验证器的解锁，随后注入数据控制 3 000 N 发动机点火，同时塔架提供恒定的拉力；两器分离后，点火工作 1 s 后开始对验证器进行姿态控制，启控后 2 s 关闭发动机。塔架始终保持恒定的拉力，发动机关机后，上升验证器开始减速，垂直运动速度降为 0 m/s 时塔架制动，随后上升验证器断电并被塔架吊至地面，试验结束。

8.4.4 试验测量方案

起飞试验中需要测量上升验证器姿态、位置、速度、加速度等参数。试验测量方案主要有器上三维姿态测量及地面高速摄像测量两部分。

器上三维姿态测量系统可以提供方位角、运动姿态、航向速度及三维位置信息，采用 GPS 和惯导紧耦合技术，GPS 设备负责修正陀螺误差，提高测量精度并测量验证器运动轨迹。器上三维姿态测量系统主要由安装在验证器上的设备和地面设备两大部分组成。其中，器上部分由 GPS 接收天线、组合惯性导航系统、记录器、自备电池 4 部分组成。试验时，组合惯性导航系统利用卫星定位信息对惯性导航信号进行修正，修正后的数据记录在数据记录器中；试验完成后，和地面基准站的信号进行差分，得到精确的验证器姿态轨迹信息。地面设备由 GPS 天线、GPS 基准站接收机、处理计算机和处理软件 4 部分组成。试验时，GPS 基准站接收机安装在试验场 GPS 大地基准点上，提前开机接收采集 GPS 基准数据；试验后，对基准数据和探测器位置数据进行事后载波相位差分，可得到精确位置及速度数据。

地面高速摄像测量系统与各种着陆试验方案基本一致，由两台高速摄像机组成的高速摄像阵利用多摄像机交汇技术和光学测量技术进行被测快速移动物体的三维运动参数分析计算。高速摄像机可高分辨率、高速度、长时间、全方位记录探测器在运动全过程中的细节图像资料。对于起飞试验 30 m 的运动范围测量需求，高速摄像机阵选用两台 Phantom Flex4k 摄像机，其最高分辨率为 4 096 像素×2 048 像素，摄像机的像元物理尺寸约为 6.75 μm，摄像机镜头为可变焦镜头。高速摄像机阵布局如图 8 - 39 所示。高速摄像机阵标定时，首先在便于布置标志点的区域均匀地布置标志点，标志点采用大小为 20 cm×20 cm

的对角黑白格。利用全站仪高精度地获取标志点的三维空间坐标，通过专用处理软件标定高速摄像机的内参数：主点和等效焦距；在待测量区域均匀地布置标志点，同样利用全站仪高精度地获取标志点的三维空间坐标，通过软件标定摄像机的外参数。根据高速摄像测量方法原理，直接测量的物理量是目标在各个拍摄时刻的空间位置和姿态，目标的速度、加速度等运动参数通过各时刻的空间位置由数据滤波得到。目标空间位置和姿态测量精度取决于摄像机参数标定精度及目标图像信息定位精度。

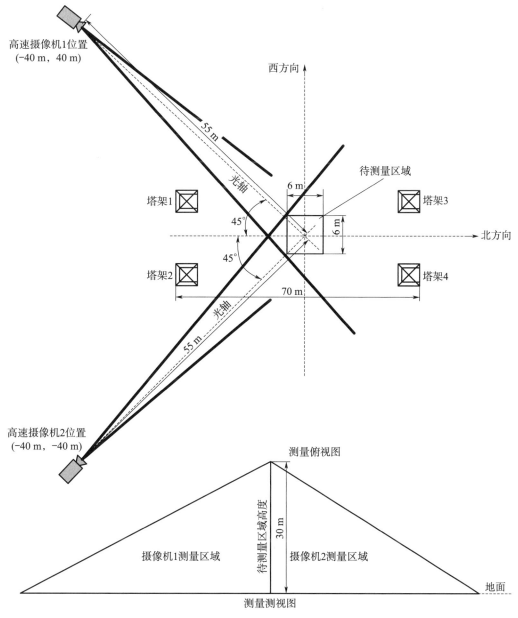

图 8-39 起飞试验高速摄像机阵布局

8.5　高空开伞试验实施方案

8.5.1　概述

探测器在有大气的地外天体着陆，一般需要利用降落伞系统实现进入减速。降落伞系统的工作条件与返回式卫星、载人运输飞船等再入地球的航天器存在很大的差别，直接影响产品工作的可靠性及探测器着陆的安全性。

以火星为例，其大气成分以 CO_2 为主，表面大气密度约为 1.08×10^{-2} kg/m³，约为地球的 1%。探测器以高速进入火星大气后，首先由探测器本身的阻力特性进行气动减速，然后降落伞开伞，为探测器最终着陆创造条件。由于探测器气动外形的减速效果有限，在降落伞工作时处于超声速、低密度、低动压的状态，超声速使降落伞呼吸颤振等现象加剧，易引起缝合部的剥离和伞衣损伤，低密度和低动压使伞衣内外压差建立困难，开伞难度增加，开伞过程也更接近无限质量开伞。降落伞在火星和地球上的典型开伞条件对比如表 8-1 所示。

表 8-1　降落伞在火星和地球上的典型开伞条件对比

项目	火星	地球
开伞速度/Ma	1.7	0.6
动压/Pa	<1 000	>3 000
密度/(kg/m³)	≈ 6.5×10^{-3}	≈ 0.413

在研制火星探测用降落伞时，无法实现在火星上试验，常规的地面试验与空投试验无法模拟真实的开伞条件。因此，需要进行高空开伞试验，较为真实地模拟降落伞工作过程，验证产品的工作性能，提升探测器安全着陆的可靠性。

地球大气层稠密，高度范围大，随着高度的增加，大气密度逐渐减小，如图 8-40 所示。火星大气密度与约 30 km 处的地球大气密度基本一致。

马赫数为速度与声速的比值，速度由试验平台实现，声速与介质状态和温度等相关［式（8-3）］。地球不同高度的声速存在差异，如图 8-41 所示。

$$a=\sqrt{1.4RT} \tag{8-3}$$

式中，a 为声速；R 为气体常数；T 为温度。

动压与大气密度和开伞速度相关［式（8-4）］。由于大气密度随高度变化，因此不同高度的开伞动压需要的开伞速度存在差异。

$$P=\frac{1}{2}\rho v^2 \tag{8-4}$$

式中，P 为动压；ρ 为大气密度；v 为开伞速度。

利用地球上大气密度随高度变化的特点，可以通过开展高空开伞试验近似模拟降落伞系统在火星等地外天体的工作条件。

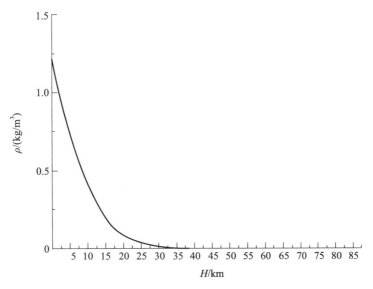

图 8 - 40　地球大气密度随高度的变化曲线

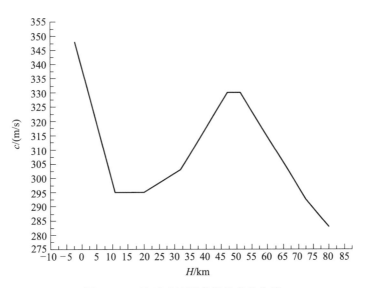

图 8 - 41　地球声速随高度的变化曲线

8.5.2　高空开伞试验技术发展

高空开伞试验主要有两种实现途径，分别为火箭平台和高空气球平台。

美国早在 20 世纪 60 年代，就在"海盗号"火星探测任务中开展了多次火箭平台高空开伞试验和高空气球平台的高空开伞试验，主要是为了试验不同缩比的降落伞在模拟火星表面超声速低密度环境下的工作能力。

美国"海盗号"火星探测器的火箭平台高空开伞试验在白沙导弹基地进行，试验基本参数如表 8 - 2 所示。

表 8 - 2　试验工况列表

试验时间	降落伞名义面积/m²	伞形	试验动压/Pa	试验海拔高度/km	试验马赫数	配重/kg
1967.6.20	65.9	十字伞	460	41.5	1.57	109
1966.12.10	65.7	盘缝带伞	546	38.9	1.56	103
1966.11.24	71	环帆伞	527	37.3	1.39	100
1967.5.9	117	环帆伞改进	436	41.6	1.64	108

"海盗号"还进行了多次高空气球平台试验，试验主要特点如下。

1）使用真实尺寸探测器模型，搭载大底脱离试验。

2）多发动机周向布置，降落伞和弹伞筒置于轴心。

3）内陆靶场回收。

除"海盗号"外，为了火星 2020 任务及后续火星探测任务，美国实施了低密度超声速减速（Low Density Supersonic Decelerator，LDSD）项目，该项目的目的是发展新一代减速技术，实现探测器在火星高海拔地区携带更多载荷着陆。在地球为了满足 LDSD 项目需要的低密度超声速环境，同样进行了高空气球平台的开伞试验。由于 LDSD 项目试验需要的区域半径为 250 km，因此选择在海面上实施。其具体试验流程如图 8 - 42 所示，主要如下。

1）气球携带试验模型缓慢升空。

2）到达预定高度后释放试验模型。

3）试验模型起旋。

4）试验模型加速至马赫数 4。

5）试验模型消旋。

6）试验模型充气展开附着式气动减速装置。

7）试验模型速度减至马赫数 2，引导伞开伞。

8）引导伞拉出试验主伞，主伞充气展开，对模型减速。

9）试验模型减速稳降，最后落入海中。

我国"天问一号"火星探测器 2020 年 7 月在文昌航天发射场由"长征五号"火箭发射升空，于 2021 年 5 月成功实现火星着陆。在研制期间，降落伞系统开展了数次火箭平台的高空开伞试验，火箭将产品运至 30 km 以上高空，在超声速条件下由弹伞筒弹射开伞，验证了产品性能，为最终的着陆火星奠定了基础[8,9]。

8.5.3　基于火箭平台的高空开伞试验方案

（1）试验系统

该试验系统主要由参试产品、火箭及地面设备等组成。

1）参试产品为探测器用降落伞等减速装置。

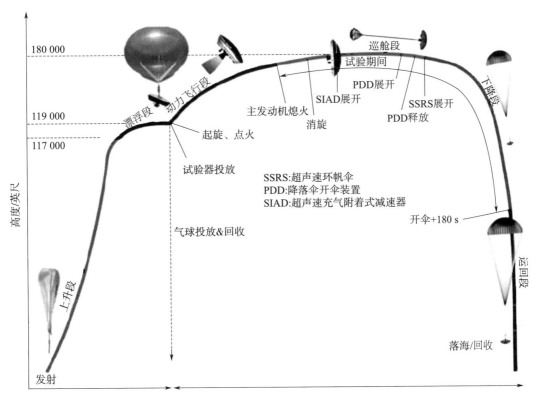

图 8 - 42　美国 LDSD 气球平台高空开伞试验流程

2）火箭包括箭体结构、控制系统、遥测系统、动力系统等，提供参试产品安装和启动的机械、电气接口，在飞行中提供要求的开伞条件。

3）地面设备包括发射装置、测发控系统等。其中，测发控系统用于执行火箭的技术厂房测试、射前检测和发射控制任务；发射装置是火箭发射时的支撑与导向机构，将火箭起竖至要求的发射角度，并固定牢固。

（2）可模拟的试验条件

采用火箭平台的高空开伞试验，降落伞工作条件的试验模拟参数分析如表 8 - 3 所示。

表 8 - 3　火箭平台高空开伞试验条件模拟参数分析

序号	试验条件	参数	影响	实现途径
1	大气物理特性	组分、温度、压力、相对湿度、密度等	大气物理特性的差异影响声速、马赫数、雷诺数、动压等开伞条件参数	在地球环境下进行试验；在约 30 km 的高空的大气密度约为火星的 1/4；其他参数无法模拟
2	重力	重力加速度	重力加速度的差异影响降落伞对探测器的减速效果	无法模拟

续表

序号	试验条件	参数	影响	实现途径
3	前体质量特性	质量	前体质量的差异影响开伞过程的加速度及开伞载荷	将试验中降落伞回收的箭头质量与探测器保持一致实现
4		惯量	前体的惯量影响前体的姿态及姿态角速率	试验中降落伞回收的箭头转动惯量与探测器较难保持一致
5	前体气动特性	气动外形	前体的气动外形影响超声速尾流特性	可通过在箭头前部安装可展开大截面锥体结构实现
6	前体姿态	总攻角	总攻角影响降落伞弹射速度方向与来流方向的夹角,影响降落伞拉直过程中伞衣、伞绳的空间运动	通过箭头的姿控装置控制弹伞时刻箭头的姿态实现
7		滚转角速度	滚转角速度影响降落伞开伞过程是否顺畅	通过箭头的姿控装置控制弹伞时刻箭头的姿态实现
8	开伞条件	马赫数	马赫数影响降落伞的阻力性能和稳定性等	通过火箭动力使降落伞开伞时刻达到超声速
9		动压	动压影响降落伞的开伞载荷	通过在特定密度(高度)和速度约束范围内开伞实现
10		弹道倾角	弹道倾角影响重力在气动力作用线上的分力	火箭动力及弹道设计需要与开伞马赫数、动压匹配,较难实现

（3）试验工作程序

火箭平台高空开伞试验的系统工作程序如图8-43所示。

1）火箭由地面设备辅助发射，火箭点火发射后，在发动机推力作用下飞离。

2）火箭起飞后，全箭启控，由舵机等对飞行轨迹进行控制。

3）结束空气舵控制，火箭继续惯性飞行。

4）当达到头体分离判断条件时，箭头与箭体分离解锁，反推发动机将箭体向后推开，为弹伞打开通道。

5）头体分离后，箭头姿控系统工作，使箭头调整至弹伞要求的攻角和滚转角速度。

6）控制系统判断火箭飞行高度、速度，当满足弹伞要求时，发出弹伞指令，降落伞弹出、充气展开。

7）弹伞指令发出前，箭上控制系统停止箭头姿态控制。

8）降落伞携带箭头随风飘落，着陆。

9）在整个飞行过程中，遥测系统和摄像机记录仪系统实时采集、传输、记录箭上模拟量、数字量信号，外测系统进行光学、雷达测量。

（4）关键环节

1）火箭构型。

火箭是试验的主要载体，需要通过火箭的构型安装相应的产品和设备，以满足诸多功能的要求。通常火箭分为箭头和箭体两部分，为了方便安装、测试及灵活应用等，箭头和

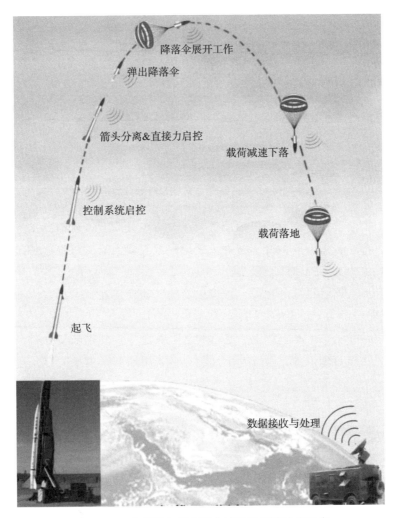

图 8 - 43　火箭平台高空开伞试验的系统工作程序

箭体一般采用多个舱段组合的形式。箭头位于火箭前部，主要安装控制设备、测量设备等；箭体主要由动力装置构成。产品安装在箭头尾部，火箭舱体提供必要的安装空间，飞行过程中实现箭头、箭体分离，打开降落伞的开伞通道。火箭外部安装前、后两组滑块及导流块、舵面、翼面等。图 8 - 44 为某高空开伞试验火箭平台的构型。

各舱段的主要功能如下。

①头罩：安装遥测天线，发送、接收遥测数据。

②姿控舱：安装姿控发动机和 GPS 天线，实现 GPS 弹道数据获取和箭头的姿态控制。

③控制舱：安装控制设备、舵机等，获取飞行中的控制参数，为各个设备发送指令，确保整个工作程序正常。

④仪器舱：安装测量设备，获取试验过程中的数据。

⑤试验舱：试验舱尺寸需要包络降落伞等参试产品，能够实现与箭体的分离，为降落伞创造开伞条件。

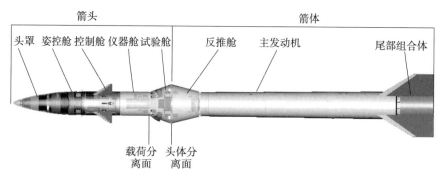

图 8‑44　某高空开伞试验火箭平台的构型

⑥反推舱：安装箭体分离发动机和配重，在与箭头分离后，使箭体迅速远离箭头，避免影响降落伞开伞。根据不同的开伞条件，采用配重实现火箭飞行弹道的调节。

⑦主发动机：为火箭提供飞行动力。

⑧尾部组合体：安装尾翼和尾舱，维持火箭的气动稳定性。

2）火箭发射。

火箭发射包括陆基、天基、海上、空基和水下发射等，其中陆基发射最主流，便于试验设施的建设、使用与维护等。高空开伞试验也多采用陆基发射架的方式进行发射，如图8‑45所示。

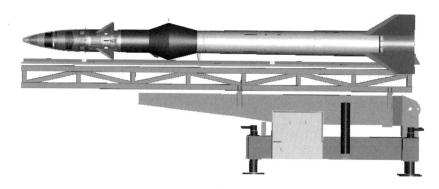

图 8‑45　某高空开伞试验火箭与发射架安装状态

将火箭发射架固定在专门的发射阵地上，火箭在水平吊挂状态下，通过箭体上的滑块与发射架对接，火箭射向依靠双GPS测量方式等确定。发射架在液压机构的作用下使箭头端提升，象限仪（倾角仪）测量发射仰角，到位后由锁紧装置锁定，减少发射扰动，并在箭尾后部的地面安装导流装置，将燃气流排导至发射架后方，抑制烧蚀和冲击力。

通过测发控装置完成火箭的测试与发射，其由前端测控设备、后端显示控制设备及测控电缆组成。前端测控设备为测试及发控任务的执行端，放置在火箭附近，由发射架上的插拔机构连接到火箭上，实时接收后端测控设备指令，并将测试及发控指令执行结果实时反馈至后端。后端显示控制设备位于远离火箭的掩体内，通过电缆与前端连接，实现重要控制指令的直接控制。

3）飞行及控制。

探测器开伞时的工作条件为一定的区间范围，为了充分验证产品并且考虑试验的可行性，往往将试验分解成数个工况分别开展，将马赫数和动压转化为火箭可直接测量的高度和速度区间。图 8-46 所示为 3 种试验工况的开伞速度和开伞高度区间。

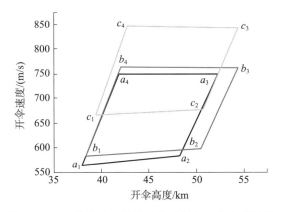

图 8-46　3 种试验工况的开伞速度和开伞高度区间

通常采用一型火箭实现降落伞的不同开伞条件要求，为火箭配备能量足够大的发动机，以满足高马赫数和高动压的工况。其他工况可以通过降低火箭发射仰角或在火箭上安装配重等方式实现。

以某典型高空开伞试验火箭平台为例，火箭飞行采用鸭舵和姿控发动机分段控制的方式，全箭飞行控制采用鸭舵气动力控制，箭头姿态控制采用姿控发动机直接力控制。火箭一般呈"X-X"的气动布局，前后各 4 个舵片，其中前面的 4 个舵安装在舵机上，舵机可带动舵面偏转，在大气层内实现火箭的飞行轨迹变化。当火箭到达高空后，大气密度低，舵面控制效率低，无法提供有效的力矩，此时多采用姿控发动机进行控制。姿控发动机内部的高压气体可通过 8 个喷口喷出，其中 4 个用于俯仰偏航控制，4 个用于滚转控制。

由于火箭运动轨迹为抛物线，在火箭的上升段和下降段均能够满足降落伞马赫数和动压的开伞条件，因此需要根据试验验证需求进行具体比较而选定。下降段开伞相比于上升段开伞，物伞系统向下运动，更接近真实的飞行运动过程。但由于开伞时间延后，下降段开伞时，大气对火箭的阻力时间延长，需要火箭的动力更强，如果火箭箭头的静稳定度较差，箭头在与箭体分离后单独飞行时姿态容易发散，增加箭头姿态和弹道不准确的风险。

4）测量环节。

高空开伞试验时，尽可能采用多种手段获取试验参数，确保试验有效，及时发现产品的薄弱环节。试验测量主要包括箭上测量和地面测量。

利用火箭上的卫星＋惯导等导航设备可获取飞行过程中的位置、速度、姿态等信息，获取降落伞的开伞条件，判断试验是否达到试验工况指标，通过稳降速度，验证降落伞的减速性能。在火箭的降落伞吊点处安装拉力传感器，获取各个吊带上的载荷，结合箭头质心位置的加速度传感器，评估降落伞的整体载荷情况。在箭头尾部安装摄像头，可获取降落伞等工作图像，从而分析降落伞的工作稳定性、充气均匀性等。

利用地面的光测、雷测设备等获取火箭的外弹道数据，通过与火箭上位置、速度等数据的复核，提高试验评判的准确性。利用地面遥测设备，接收火箭发送的数据，进行试验预判和数据备份。利用气象测量设备，获取高空的气象参数，对比标准大气参数，对试验条件的设计值进行验证，并根据气象条件修正降落伞落点信息。

8.5.4　基于气球平台的高空开伞试验方案

（1）试验系统

该试验系统主要由参试产品、试验模型、挂架、高空气球及地面设备等组成。

1）试验模型模拟探测器外形，通过挂架吊挂在气球下方，需配备动力装置、控制装置和测量装置等，能够为参试产品提供要求的飞行试验条件，触发产品工作，测量记录飞行试验状态。

2）挂架上配备定位装置、遥控遥测装置、姿态调整装置、模型释放装置和回收伞等，能够监控参试产品位置、控制模型方位、释放模型和回收挂架。

3）高空气球内充入氦气，为整个试验系统提供升力，将产品带入高空，节约模型动力。

4）地面设备主要由气球发放设备、挂架遥测遥控设备、地面测量设备等组成。

（2）可模拟的试验条件

采用高空气球平台的开伞试验，降落伞工作条件的试验模拟参数分析如表 8-4 所示。

表 8-4　气球平台高空开伞试验条件模拟参数分析

序号	试验条件	参数	实现途径	备注
1	大气物理特性	组分、温度、压力、相对湿度、密度等	在地球环境下进行试验；在约 30 km 的高空的大气密度约为火星的 1/4；其他参数无法模拟	与火箭平台一致
2	重力	重力加速度	无法模拟	与火箭平台一致
3	前体质量特性	质量	将试验中降落伞回收的箭头质量与探测器保持一致实现	实现方式与火箭平台相同，相对更容易实现
4		惯量	试验中降落伞回收的模型转动惯量与探测器较难保持一致	
5	前体气动特性	气动外形	试验模型模拟探测器外形	相对火箭平台更易实现
6	前体姿态	总攻角	通过模型的姿控装置控制弹伞时刻模型的姿态实现	实现方式与火箭平台相同，相对更容易实现
7		滚转角速度	通过模型的姿控装置控制弹伞时刻模型的姿态实现	

续表

序号	试验条件	参数	实现途径	备注
8	开伞条件	马赫数	通过模型动力使降落伞开伞时刻达到超声速	相对于火箭平台,高空气球平台本身不能产生足够的速度,因此马赫数、动压、导弹倾角等条件需模型自身发动机工作产生
9		动压	通过在特定密度(高度)和速度约束范围内开伞实现	
10		弹道倾角	模型动力及弹道设计需要与开伞马赫数、动压匹配,较难实现	

（3）试验工作程序

高空气球平台开展高空开伞试验的系统工作程序如图 8 - 47 所示。

1）在地面完成气球充气,气球带回收伞、挂架和模型起飞。

2）气球升空过程中,监视挂架的位置和方向等信息。如果出现异常情况,则回收伞与气球分离,携带模型落地。

3）接近预定投放高度时调整模型方位角,指向预设的回收区。

4）满足投放条件后投放模型,模型离开挂架后延时起旋。

5）模型上主发动机点火。

6）发动机熄火后,模型惯性运动,通过时序判断,当系统到达设计的弹道条件时,消旋发动机工作。

7）控制系统判断模型高度和速度,当满足开伞条件时,发出触发指令,弹射参试降落伞系统。

8）降落伞充气打开。

9）模型乘降落伞着陆。

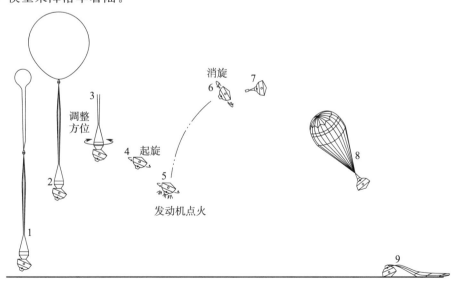

图 8 - 47　高空气球平台开展高空开伞试验的系统工作程序

（4）关键环节

1）高空气球。

氦气具有安全性好、密度低等优点，因此高空气球通常填充氦气。依据 35 km 高空温度 236.513 K，空气密度 0.008 463 34 kg/m³，如载荷质量约 1 000 kg，则计算得出需要球体体积约 30 万 m³。

气球球膜一般采用线线低密度聚乙烯（LLDPE）等薄膜材料，加装加强带，球顶安装被动应急排气阀，当球顶部内外压差超过一定的极限值时阀门自动打开，应急排气；压差下降到安全范围之内时阀门自动关闭，停止排气。球体与回收伞之间的连接部分安装切割器，用于回收时将连接吊架的回收伞与球体分离。

2）系统连接。

试验系统最下端为试验模型，为刚性结构，模拟探测器的气动外形；参照探测器的状态安装降落伞等产品，模型上安装发动机、姿态控制装置，用于使模型达到试验工况要求的速度和姿态等；配备控制装置，使模型上的发动机、姿态控制装置、降落伞等按照程序工作；配备测量设备，获取开伞过程的数据。

模型上方为挂架，可实现与模型的连接与释放；配备姿态角调节装置，用于模型释放前调整吊挂俯仰角；配备航向角调节装置，用于调节模型发射时的射向；配备控制和测量设备，以获取试验系统状态信息，并确保挂架上的执行机构按要求工作。

挂架上方为回收伞，用于在试验结束后确保挂架安全着陆，以及升空过程中意外情况下回收模型。

试验系统的最上端为高空气球，高空气球由薄膜类材料制成，内部填充氦气，利用氦气密度低于大气密度而产生的浮力将试验产品携至高空。

3）高空气球放飞。

由于高空大气密度与压力低，在保持球体内外压力平衡的状态下，随着高度的升高，球体内气体密度会随之降低，体积会随之增大。为了能够携带上吨的载荷，整个试验系统比较庞大，长度可达百米。气球由薄膜材料制作而成，容易损坏而造成气球漏气，无法达到理想试验高度。

发放场地应具有至少 250 m 长、30 m 宽的平整地面作为球体铺开区域，且发放区域附近没有高层建筑或障碍物。地面要求没有尖锐物或突起，并在发放前进行清理。球体充气时要求地面风速尽量小，低于 3 m/s 为佳。放飞前，将整个试验系统按照当地风向依次整理好，布置在地面，地面设备对气球进行定量充气。由于地面大气压力较高，气球内部氦气集中在气球顶部。有序释放气球后，气球在风场作用下，边上升边朝着吊挂模型的高台移动。当气球、回收伞等整个试验系统全部拉直，并且气球移至模型上方后，高台将模型释放，整个试验系统升空。

4）飞行与控制。

气球为无动力飞行装置，在水平方向上随风飘，需要的试验区域大。在试验前可对气象条件进行测量，评估气球的水平运动轨迹，以减少产品回收的困难。

在挂架上可配定位定向装置，可通过遥测设备将气球的运动信息发送至地面试验人员，根据该信息，可进行人工或自动控制。在将模型释放前，利用姿态角调节装置调整模型的俯仰角，从而调整模型的飞行弹道，以匹配试验工况条件；利用航向角调节装置使模型在水平面内旋转，调整射向，以增加回收的便捷性和安全性；利用释放装置，将模型与挂架分离。在高空气球工作结束后，控制装置触发火工品，解除回收伞收口，回收伞展开，携挂架安全着陆。

模型脱离气球挂架后，由模型上的推进发动机将模型推至预定的高度和速度，推进过程中无姿控。在发动机工作前，通过起旋发动机使模型旋转，减少发动机推力产生的俯仰、偏航等力矩偏差，减小模型弹道的发散风险。在推进发动机停止工作后，消旋发动机工作，为开伞创造条件。

试验攻角与开伞控制策略和火箭平台一致，可分别通过姿控装置和高度、速度条件判断方式实现。不同工况条件，可通过调节模型释放高度、模型释放时的俯仰角和模型质量等方式实现。

5）试验测量。

采用模型上设备、挂架上设备和地面设备对整个试验过程进行测量。

模型上设备与火箭平台上的测量设备基本一致。利用挂架上的定位装置获取气球的位置、速度等信息，确定气球方位，判断是否满足模型的释放条件；试验结束时，可用于搜索挂架。利用定向装置获取模型释放前的方向角，作为航向角调节装置调整模型射向的依据。利用倾角仪获取模型释放前的俯仰角，作为姿态角调节装置调整模型飞行弹道的依据。利用气象环境测量设备获取大气压力、温度等信息，用于评估开伞马赫数、动压等参数。利用摄像头分别向上、向下拍摄，记录气球、模型等的工作状态。所有数据均可通过遥测下传至地面接收设备。地面设备与火箭平台高空开伞试验相比，需要增加遥测上传功能，对挂架上的控制设备发送指令。

8.6　开伞冲击动载试验实施方案

8.6.1　概述

进入火星等有大气的地外天体过程中，一般需要采用降落伞装置对进入器进行气动减速。火星大气稀薄，降落伞一般为超声速、低密度、低动压的开伞条件，降落伞为无限质量充气，即充气张满过程中降落伞对进入器的减速效果很小，需要等完全张开后才能施加显著的减速效果。无限质量充气，且由于火星大气稀薄，进入器需要的降落伞阻力面积较大，综合导致火星降落伞开伞冲击动载大，对进入器舱体结构的承载能力提出较大的挑战。为了验证进入器舱体结构承受降落伞开伞冲击动载的能力，并获取相应的结构响应特性，通过高空开伞、空投试验等方式进行试验验证成本高、周期长、难度大，因此有必要采取有效的模拟试验方案，在地面开展开伞冲击动载试验。本节简要介绍我国"天问一号"火星探测器研制过程中首创的基于弹性绳冲坠实现开伞冲击动载模拟的试验方案。

8.6.2 试验原理

降落伞开伞过程需经历伞系拉直、伞衣充气、呼吸、稳定充气等阶段。"天问一号"降落伞典型开伞力曲线如图 8-48 所示[10-12]。

1）伞系拉直：伞系拉直过程（从弹伞筒点火时刻到伞绳全长拉直时刻）中，当伞衣底边从伞包中拉出时，由于伞衣突然加速产生拉直力，因此降落伞拉直力一般不大于 20 kN。

2）伞衣充气：伞衣从伞包中拉出后，伞衣内充入空气，伞衣逐渐张满，在伞衣底边第一次张紧时刻产生最大开伞力，伞衣充气时间为 0.456～0.638 s，最大开伞载荷约 150 kN。

3）伞衣充满后，伞衣出现反复的呼吸现象，以不大于 4 Hz 的频率产生多个小于最大开伞力的呼吸载荷。

4）在伞衣稳定充气阶段，产生相对稳定的载荷。

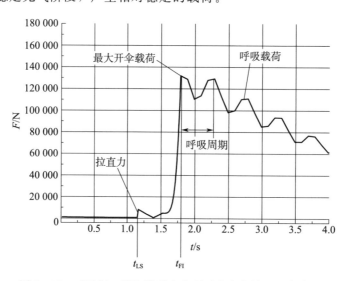

图 8-48　"天问一号"降落伞典型开伞力曲线（开伞阶段）

基于弹性绳冲坠实现开伞冲击动载模拟的原理是基于弹簧振子模型，将开伞载荷简化为弹簧受冲击时产生的载荷。由于最终需要考核的结构强度，因此设计弹性元件能够模拟开伞曲线中从拉直力产生到最大开伞载荷的一段曲线即可。以图 8-48 开伞载荷曲线为例，弹性元件需要能够模拟在 75 ms 内产生最大过载，开伞力曲线中最大过载为 133 kN，考虑动态裕度后要求峰值能够达到 173 kN。

如图 8-49 所示，模型在高度 h 释放，以弹簧自然状态为位移原点，重力方向为正方向，根据牛顿第二定律，得到以下方程：

$$\sum F = -kx + mg = m\ddot{x} \tag{8-5}$$

即有

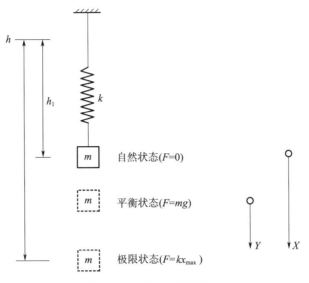

图 8 - 49　弹簧振子模型

$$m(x - mg/k)'' + k(x - mg/k) = 0 \tag{8-6}$$

令 $y = x - mg/k$，则方程的解为

$$y(t) = A_1\cos(\omega_n t) + A_2\sin(\omega_n t) \tag{8-7}$$

式中，$\omega_n = (k/m)^{1/2}$，即弹簧振子的周期 $T = 2\pi/\omega_n = 2\pi(m/k)^{1/2}$。

式 (8-7) 说明弹簧振子模型的振动周期只与 k 和 m 相关，即使考虑重力条件也是如此。而配重自由下落后的速度只会影响弹簧振子的最大行程和最大冲击力，不会影响周期。因此，曲线中平衡状态到极限状态时间为 $T/4$，根据开伞力曲线，$T = 0.3$ s。

当模型取舱体质量即 $m = 1.3$ t 时，弹簧刚度系数为

$$k = 4\pi^2 m/T^2 = 570\ 244\ \text{N/m} \tag{8-8}$$

因此，当峰值力要求达到 173 kN 时，弹簧从自由状态到受拉极限状态的最大拉伸量 $x_{\max}$ 为

$$x_{\max} = F/k = 173\ 000/570\ 244\ \text{m} \approx 0.3\ \text{m} \tag{8-9}$$

此时，弹簧中的最后蓄能为

$$E_{弹} = kx_{\max}^2/2 = 25\ 661\ \text{J} \tag{8-10}$$

根据能量守恒定律，弹簧的弹性势能完全由配重在 h 高度的重力势能转化，因此有

$$h = E_{弹}/mg = 25\ 661/13\ 000\ \text{m} \approx 1.97\ \text{m} \tag{8-11}$$

所以，配重自由下落高度为

$$h_1 = h - x_{\max} = 1.67\ \text{m} \tag{8-12}$$

基于弹性绳冲坠实现开伞冲击动载模拟试验原理，将进入器模型连接满足弹簧刚度系数的弹性绳，模型冲坠一定的高度后拉动弹性绳，弹性绳产生的载荷作用于模型上，可模拟需要的最大开伞冲击载荷，且载荷作用时间能够与真实状态相匹配。

8.6.3 试验系统

（1）弹性绳

若使用弹簧作为弹性元件，弹簧的尺寸和质量较大，不利于试验开展和操作，因此提出使用弹性绳索作为弹性元件进行动载模拟。

针对173 kN冲击峰值的工作载荷，采用一定裕度系数（如定为5倍裕度）来确定绳索破断力，进而确定绳索编织方式和直径。

由于对于直径、编织方式、材料确定的绳索，不论绳长为多少，破断力和破断伸长率均为定值，由绳索材料决定，因此当拉力-位移曲线线性度好时，其弹性系数与绳索长度成反比关系，即

$$kL = \frac{F_d}{n_d} \tag{8-13}$$

式中，k为弹性系数；L为绳长；F_d为弹性绳的破断力；n_d为破断伸长率。

因此，对于一根确定直径、编织方式、材料的绳索，可以通过调整绳长来得到不同的弹性系数。

对芳纶、超高分子量聚乙烯、Vectran、锦丝、PE、涤纶、锦纶等有机纤维编织的绳、带进行拉伸试验，发现圆截面绳索拉伸线性度优于扁截面绳带；另外，在线性度类似的绳索中，要满足相同的冲坠力，破断伸长率低的材料长度会更大。因此，最终选择破断伸长率高的锦纶材料圆截面绳索作为弹性绳方案。

（2）投放装置

投放装置包括释放模型的火工装置、塔架结构及投放控制装置。

该试验释放模型可选用降落伞系统常用的脱伞器。脱伞器工作电流5～10 A，供电时间≥50 ms，其可靠性为0.999 8（$\gamma=0.8$）。采用钝感点火器，脱伞器在加载情况下能够可靠解锁，具有较高的可靠性和安全性。

塔架结构可采用足够强度并满足试验空间要求的龙门架实现，如图8-50所示，为我国航天器回收着陆综合试验场内的试验设施，最大承载能力为30 t，双钩独立运行，其结构具备良好的抗倾覆性。

投放控制装置主要实现地面遥控火工品点火，同时为高速摄像触发控制器提供同步触发信号。该系统主要包括地面总控制器、点火控制器、电池、高速摄像触发控制器及点火电缆5部分，各部分功能如下。

1）地面总控制器用于人员在地面遥控模型上的点火控制器对火工装置进行点火，接收并显示点火控制器的执行反馈信号。

2）点火控制器用于接收地面总控制器的点火指令，执行点火动作，并将动作情况反馈至地面总控制器；执行点火动作的同时将高速摄像触发信号发送至高速摄像触发控制器。

3）高速摄像触发控制器用于接收点火控制器的点火触发信号，输出一路开关量信号（脉冲型），完成高速摄像触发。

4）电池及点火电缆用于对释放装置进行加电。

图 8-50　试验用龙门架

8.6.4　试验实施方案

基于弹性绳冲坠的开伞冲击动载试验方案如图 8-51 所示。其采用龙门架，吊装火星进入舱，通过释放火星进入舱模拟伞衣拉直时的初速度，通过弹性绳模拟伞衣充气时的最大开伞载荷。

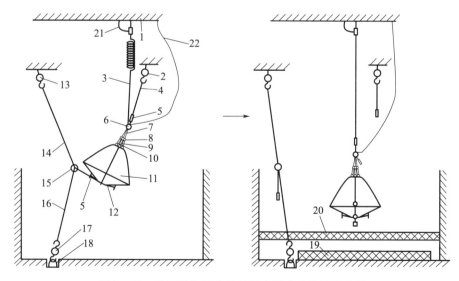

图 8-51　基于弹性绳冲坠的开伞冲击动载试验方案

1—主梁；2—吊钩（1）；3—弹性结构；4—吊绳；5—脱伞器（2 个）；6—吊带连接座；7—吊带；
8—拉力传感器接头（1）；9—拉力传感器；10—拉力传感器接头（2）；11—舱体；12—吊装工装；
13—吊钩（2）；14—斜拉绳；15—D 型吊环；16—控制绳；17—电动葫芦；18—地锚；19—海绵垫；
20—防护网；21—短保护绳；22—长保护绳

其投放方案主要为火星进入舱通过吊点与弹性绳、吊绳连接，用投放绳将火星进入舱吊起至一定高度，此时弹性绳处于松弛状态；切断投放绳，释放火星进入舱，舱体下落过程中弹性绳受力，产生作用在吊点上的载荷。该方案的优点主要有结构简单，环节少，试验实施快速，且弹性绳可重复使用，满足大量试验次数的需求；对于需要设置进入舱结构高温的试验需求，采用加热片对舱体特定部位加热，火星进入舱吊在空中，从实现温度载荷为$+170\ ℃$到投放的时间较短，温度载荷的时效性较好；地面敷设防护网、防护垫相对容易。

8.6.5　试验测量方案

试验需要测量进入舱结构的冲击响应，采用三向加速度传感器和动态应变传感器进行测量。加速度传感器应能满足采集到在$1\sim2\ 000\ Hz$频段内$500\ g$载荷量程的要求；动态应变测量采用半桥式粘贴，有效降低温度影响，采用高温箔式应变片，工作温度范围达到$-100\sim+250\ ℃$。

试验需要测量冲坠过程中的冲击动载及弹性绳传递给进入舱结构的拉力载荷。这里采用拉力传感器进行测量，选用应变式拉压力传感器，其为柱形结构，量程不小于$200\ kN$，要求传感器厚度小，防护等级高，结构强度大。试验时设置两组拉力传感器，一组与进入舱结构通过吊带连接，位于弹性绳的下端；另一组位于弹性绳的上端，与龙门架主吊点连接。

采用双目立体视觉技术的光学测量系统来实现进入舱模型冲坠过程的运动参数的获取，包括两台高速摄像机、标定系统、三维光学处理软件。其中，1#、2#高速摄像机负责拍摄返回器投放瞬间的位移速度姿态变化。要从摄像机获得的图像中解算出目标的三维信息，必须获得摄像机的成像模型，进行摄像机标定。根据已知相对位置的目标点（标定控制点）及其对应图像上的位置可以求解出摄像机参数，即建立成像模型。模型上布置9个标定控制点，如图8-52所示。

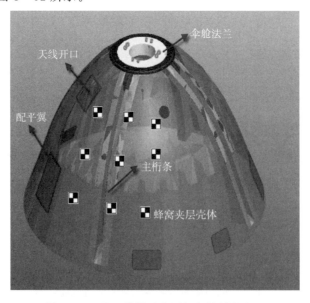

图8-52　进入舱模型光测标定控制点布置

参 考 文 献

［1］ 齐跃，李委托，朱汪，等. 着陆器着陆缓冲性能试验方法研究［J］. 航天器环境工程，2020，37
（6）：576－581.

［2］ 王永滨，蒋万松，王磊，等. 载人登月舱月面着陆缓冲装置设计与研制［J］. 深空探测学报，
2016，3（3）：262－267.

［3］ 董洋，王春洁，吴宏宇，等. 触地关机模式下的着陆器软着陆稳定性研究［J］. 北京航空航天大
学学报，2019，45（2）：317－324.

［4］ 胡锦昌，张洪华，李毛毛. 基于自适应的月球着陆悬停避障方法［J］. 空间控制技术与应用，
2017，43（6）：25－31.

［5］ 任德鹏，李青，刘振春，等. 月面着陆起飞试验技术研究［J］. 深空探测学报，2018，5（3）：
281－285，298.

［6］ 陈海朋. 月面返回的自主制导与控制［D］. 哈尔滨：哈尔滨工业大学，2012.

［7］ 张莘，王刚，刘峰，等. 着陆器顶板羽流导向设计及验证技术［J］. 航天返回与遥感，2016，37
（2）：34－41.

［8］ 陈华兵，杨军，尹力恒. "天鹰"系列运载器助力火星探测降落伞高空开伞技术验证［J］. 固体火
箭技术，2021，44（3）：293－296.

［9］ 王立武，房冠辉，李健，等. 降落伞超声速低动压高空开伞试验［J］. 航天返回与遥感，2020，
41（3）：1－9.

［10］ 王祁，曹义华. 盘-缝-带伞超声速充气过程仿真研究［J］. 航天返回与遥感，2018，39（1）：
35－44.

［11］ WITKOWSKI A，KANDIS M，ADAMS D. Inflation characteristics of the MSL disk gap band
parachute ［C］//20th AIAA Aerodynamic Decelerator Systems Technology Conference and Seminar
＜BR＞，Seattle，Washington，AIAA 2009－2915，2009：1－9.

［12］ CRUZ J R，MINECK R E，KELLER D F，et al. Wind tunnel testing of various disk－gap－band
parachutes ［C］//17th AIAA Aerodynamic Decelerator Systems Technology Conference and
Seminar，Monterey，California，AIAA 2003－2129，2003：1－16.

附录 A 地外天体着陆起飞综合试验场简介

基于我国探月工程和火星探测工程的研制，北京空间机电研究所建设了航天器回收着陆综合试验场、月球着陆起飞综合试验场和火星着陆综合试验场三大试验基地，共同构建了我国地外天体探测着陆起飞综合验证的试验场系统，圆满完成了各类着陆冲击试验、着陆稳定性试验、高塔投放试验、舱段分离试验、地面弹射试验及模拟月球、火星等地外天体低重力环境的悬停、避障与缓速下降试验、着陆起飞综合试验等多项大型着陆试验任务。

航天器回收着陆综合试验场与月球着陆起飞综合试验场相邻而建，位于北京市大兴区长子营镇，占地面积约 400 亩。试验场配备了月球着陆试验架、投放试验高塔、着陆冲击试验床、总装测试大厅、大型地面弹射试验台及试验数据测量和采集设备等，试验设备及配套保障设施完备。试验场可进行降落伞高塔投放、着陆冲击、着陆缓冲、着陆稳定性、地外天体软着陆、地外天体着陆起飞、地面弹射、舱段级间分离、武器发射等，具备过载、冲击、力、位置、速度、姿态、温度、动压等各类参数的接触式和非接触式测量手段。

火星着陆综合试验场位于河北省张家口市怀来县，占地面积 222 亩，为中国空间技术研究院怀来产业基地的一部分，距北京航天城 80 km 左右。试验场配备了试验保障系统、试验实施系统、试验测量系统及推进保障系统等，其核心设施是大型低重力模拟试验平台。该试验场的布局如附图 A-1 所示。后续，我国的火星探测、小行星探测乃至载人登月等航天任务均可利用该试验场进行低重力地外天体的各类着陆试验、起飞试验、人员训练等地面验证试验。

北京空间机电研究所建成的各个航天器回收着陆试验基地不仅为我国载人航天工程、探月工程、深空探测工程做出了突出的贡献，同时还承担了大量的武器和其他型号任务的试验项目，有力地推动了我国航天技术的发展。航天器回收着陆综合试验场、月球着陆起飞综合试验场和火星着陆综合试验场这三大试验基地不仅满足了回收着陆专业的试验与测量测试需求，同时也对外提供试验及测量测试服务，实现了国家重大投资基础试验设施的有效运营，促进了国家基础试验能力的提升，支撑了相关行业的发展需求。此外，试验场后续还可建成航天爱国主义教育基地和科普基地，可以极大地激发参观人员的自豪感和爱国主义思想，同时可开展失重环境体验、月球载人舱模拟月面着陆、地外天体表面模拟行走等高科技旅游项目。

试验场系统的主要设施及能力如下。

（1）航天器回收着陆综合试验场——吊高投放试验塔

1）塔高 129 m，臂幅 40 m，可±185°旋转。

2）最大额定起吊质量：12 t。

3）最大投放高度：110 m。

建筑一览表	
编号	建筑名称
1	总装测试指挥中心
2	快速随动设备厂房
3	综合动力中心
4	加注间
5	门房
6	设备间A
7	设备间B
8	设备间C
9	设备间D
10	设备间E
11	设备间F
12	废液收集池

附图 A-1　怀来火星着陆综合试验场布局

4）最大水平投放速度：12 m/s。

5）最大投放质量：3.5 t。

6）匀速下降速度：6～10 m/s，可调。

（2）月球着陆起飞综合试验场——着陆起飞试验架

1）低重力模拟试验的有效空间≥20 m（长）×20 m（宽）×74 m（高）。

2）主体结构静载承载能力：不小于 10 t。

3）随动装置水平跟踪速度：0～3.5 m/s。

4）随动装置垂直跟踪速度：向下 0～10 m/s，向上 0～7.8 m/s。

5）随动装置跟随目标的运动中，水平干扰力不大于 80 N。

6）拉力控制精度：＜50 N。

7）系统响应速度：＜40 ms。

（3）火星着陆综合试验场——低重力模拟试验平台

1）试验载荷质量：不小于 10 t。

2）模拟重力范围：0～20 000 N。

3）水平随动速度能力：0～5 m/s。

4）垂直随动速度能力：0～10 m/s。

5）水平方向干扰力及垂直方向作用力误差：不大于 80 N。

6）拉力控制精度：＜50 N。

7）系统响应速度：＜40 m/s。

8）低重力模拟试验的有效空间≥20 m（长）×20 m（宽）×74 m（高）。

9）最大投放试验高度：200 m。

10）能够实现不小于5 t的载荷投放试验：水平投放速度不小于15 m/s，垂直投放速度不小于18 m/s。

（4）试验测量

1）利用姿态测量装置或多台高速摄像机交汇光学图像测量技术测量被测物体的三维运动姿态。

2）利用加速度传感器及采集设备测量被测物体的振动和冲击。

3）利用GPS设备及光学经纬仪测量飞行器运动轨迹（位置）和运动速度。

4）利用高速摄像机及光学图像测量技术测量被测物体的速度、轨迹和姿态。

5）利用舱上摄像机和地面摄像机（含高速摄像机和普通摄像机）获取试验过程的图像资料。

6）利用噪声测量传感器及采集设备测量环境噪声。

7）利用气体/烟雾传感器及采集设备测量环境氧浓度和有害气体浓度。

8）利用应变传感器及采集设备测量被测物体的应变和应力。

9）利用拉压力传感器及采集设备测量拉压力。

（5）试验保障

1）配置试验指挥控制系统，充分满足任务需求的试验指挥和控制能力。

2）拥有专业测试厂房和条件，充分满足需求的总装测试能力。

3）具备气象监测站，获取现场实时风速风向、能见度等气象数据。

4）具备推进剂保障设施，满足2 t推进剂贮存需求，确保试验安全。

5）具备供电、供水等完善的配套设施。

相关试验设施如附图A-2～附图A-10所示。

附图A-2　航天器投放试验高塔

附图A-3　弹射试验台

附图 A-4　月球着陆稳定性试验面

附图 A-5　月球着陆缓冲试验床

附图 A-6　月球着陆起飞综合试验场全景

附图 A-7　试验场指挥控制大厅

附图 A-8　试验场装测楼

附图 A-9 低重力试验平台

附图 A-10 低重力试验平台的快速随动圆盘

附录 B 地外天体着陆起飞试验典型照片

地外天体着陆起飞试验典型照片如附图 B-1～附图 B-5 所示。

附图 B-1 月球探测着陆器组合缓冲试验

附图 B-2 月球探测器着陆稳定性试验

(a) 试验准备场景

(b) 点火试验状态

附图 B-3　悬停、避障、缓速下降试验

(a) 试验准备状态

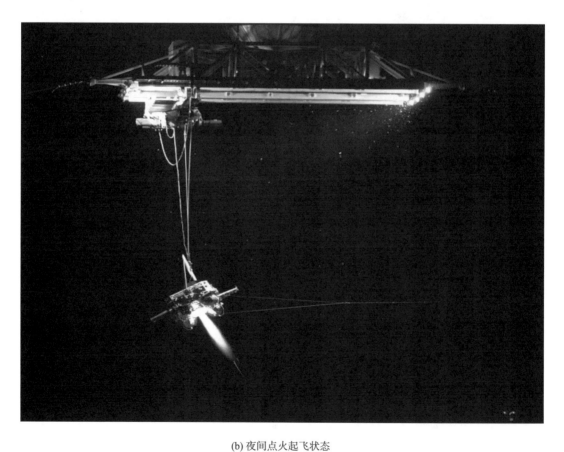

(b) 夜间点火起飞状态

附图 B-4　月球探测上升器起飞试验

(a) 试验准备场景

(b) 下降试验状态

附图 B-5　火星探测着陆巡视器悬停、下降试验